浙江省普通本科高校"十四五"重点立项建设教材

浙江省普通高校"十三五"新形态教材

新文科·新设计
国家级一流本科课程配套教材

林家阳 总主编

服装流行趋势

主　编　刘丽娴
副主编　穆　琛　郑泽宇

U0743461

TREND
JACKETS

中国教育出版传媒集团
高等教育出版社·北京

内容提要

　　本书从流行的基本概念与基础、中西方近现代服饰流行演变历程以及服装流行趋势预测方法三个维度，带领读者由浅入深了解流行文化与产业的发展规律与趋势预测的基本方法。书中采用文本叙述与图片互证，并配有二维码拓展资源，使读者在阅读过程中，以书中文字内容为基础，拓展更多流行文化、品牌建设、服装服饰设计等内容，兼顾知识的宽度与深度。

　　本书适合作为高等院校服装与服饰设计、品牌营销等专业方向的课程教材，同时也可供服饰设计与营销相关领域爱好者和从业人员参考学习。

图书在版编目（ＣＩＰ）数据

　　服装流行趋势 / 刘丽娴主编. -- 北京 ： 高等教育出版社，2024.9
　　国家级一流本科课程配套教材 / 林家阳总主编
　　ISBN 978-7-04-058946-7

　　Ⅰ．①服… Ⅱ．①刘… Ⅲ．①服装-流行-趋势-高等学校-教材 Ⅳ．①TS941.12

　　中国版本图书馆CIP数据核字(2022)第116177号

Fuzhuang Liuxing Qushi

| 策划编辑 | 梁存收　杜一雪 | 责任编辑 | 张卓卓 | 封面设计 | 张　楠 | 版式设计 | 童　丹 |
| 责任绘图 | 于　博 | 责任校对 | 高　歌 | 责任印制 | 高　峰 | | |

出版发行	高等教育出版社	网　　址	http://www.hep.edu.cn
社　　址	北京市西城区德外大街 4 号		http://www.hep.com.cn
邮政编码	100120	网上订购	http://www.hepmall.com.cn
印　　刷	天津市银博印刷集团有限公司		http://www.hepmall.com
开　　本	787 mm×1092 mm 1/16		http://www.hepmall.cn
印　　张	11.25		
字　　数	240 千字	版　　次	2024 年 9 月第 1 版
购书热线	010-58581118	印　　次	2024 年 9 月第 1 次印刷
咨询电话	400-810-0598	定　　价	45.00 元

本书如有缺页、倒页、脱页等质量问题，请到所购图书销售部门联系调换
版权所有　侵权必究
物 料 号　58946-00

总 序

　　大学教育工作的核心是专业建设,专业建设的主要内容是教学设计,教学设计的重点是课程建设,而课程建设的重要内容是教材建设。在相当长的一段时间里,我们的考核制度出现了偏颇,高校对教师的考核重专著、重论文、轻教材,导致相当多的设计学类教师在教学中缺乏真正高质量的、适用性强的教材作参考,致使教学不规范,从而严重影响了教学质量。

　　一部好的教材对教师来说是课程的灵魂,对学生来说是一部高精度的导航仪,能够引导学生从迷茫到清晰,从此岸到彼岸,本套艺术设计类“国家级一流本科课程”配套教材正是按照这样的诉求进行设计的。

　　2017 年,国家教材委员会和教育部教材局正式成立,标志着我国高等院校教材建设进入新的历史阶段。2019 年,国家教材委制定《普通高等学校教材管理办法》,2020 年印发了《全国大中小学教材建设规划(2019—2022 年)》,2020 年又启动首届全国教材建设奖评选工作。与此同时教育部推出首批国家级一流本科课程共 5118 门,其中艺术类国家一流课程有 174 门(线上课程 38 门,线下课程 76 门,线上线下混合式课程 31 门,虚拟仿真实验教学课程 17 门,社会实践课程 12 门)。在中国特色社会主义进入新时代之际,教育部倡导新文科建设,注重继承与创新、协同与共享,促进多学科交叉与深度的融合。该系列教材正是值此背景下应运而生的,本系列涵盖了多所院校的大量优质课程、特色课程,且大多数课程的负责人为教学名师或学科带头人,更为该系列教材注入了原动力。

　　在众多的设计学类优秀课程中,有显著需求的 22 门专业课程入选本系列教材建设,为了确保本套教材整体的质量和统一性,高等教育出版社专门邀请我担任总主编工作。来自全国 22 所院校的 20 余位分主编,从 2020 年底开始至今,开展了各部教材目录、样章的反复磋商和全书的编写工作。2021 年仲夏,编委会在杭州进行了中期汇报交流,金秋又在沈阳鲁迅美术学院举办了设计学类专业国家级一流专业、一流课程优秀成果展。针对相关重点与难点,全体作者还在线上举行了三次工作会议。最终,各位分主编率领相关团队高质量地按时完成了教材的编写任务。本套教材均配有丰富的教学资源和案例,并注重实践性及中华优秀传统文化和立德树人元素的引入。该套教材在注重理论联系实际的基础上,融入一流课程已有的资源,有效拓展了书稿内容。尤其训练部分的论述彰显了一流课程的特色及创新,可以为其他院校提供有益的参考。

高等教育出版社特别重视国家一流课程教学成果的转化,注重高等院校设计类教材的当代性、普适性与可操作性,此次重点打造这一套"新文科·新设计"艺术设计类"国家级一流本科课程"配套教材,对设计学科建设而言,可谓功德无量!

教育部高等学校设计学类专业教学指导委员会副主任委员

同济大学教授　林家阳

2022 年元月 27 日

前　言

　　编写这本书的源起，需要追溯到 2000 年浙江理工大学确立中美合作项目之初。在服装设计学院中，流行趋势的发展与预测是服装设计学生学习知识和技能的必修课程，而当时的国内"流行"，似乎仅是时尚杂志上一种抽象的存在。同时，在编者所服务的多家服装上市公司中，对于流行趋势似乎也永远是在被动地追逐和模仿。在我国文化软实力强势崛起的今天，对于流行趋势的主动研究与学习，成为时尚学科建构的第一步。于是，《服装流行趋势》应运而生。本教材基于历时性视角，回望历史以梳理时尚发展进程，分析种种时尚现象出现的偶然与历史必然，通过对流行趋势及其发展轨迹的把握进而预判未来的服装时尚。在编写过程中，编写团队将主要内容分为服装流行趋势理论，时尚与服装流行现象的历史与当代设计案例解读，服装流行趋势预测要素与方法三大部分。值得一提的是，历史与当代的案例解读并非简单地"炒冷饭"，读者将会在整本教材中看到多个联系当下的设计案例。而案例在历史情境中所带有的必然性与偶然性信息，也是探讨流行趋势的关键要素，望读者在此逻辑之下，着重注意。

　　自 2000 年起，服装流行趋势作为专业必修课，面向浙江理工大学的浙江省优秀中外合作办学项目开课。课程迄今为止已历经二十余年的打磨沉淀：2013 年开始建设在线开放课程，2016 年获评教育部第二期来华留学品牌课程，2017 年于浙江省高校在线开放课程共享平台上线，2018 年在中国大学 MOOC（爱课程）上线并获评为国家级精品在线开放课程，2019 年获评浙江省本科院校"互联网＋教学"优秀案例特等奖，2020 年获评国家级线上一流本科课程和国家级线上线下一流本科课程等。这些课程受到学习者和业界专家的好评。本教材在以往工作的基础上，更加强调理论联系实际，结合编写团队二十余年的教学与产业服务经验，对接来自纽约、巴黎的一手时尚资讯，且配套了丰富的中英文双语视频资料与各类在线拓展资源，可以更直观地呈现编写团队有关服装流行趋势预测方法的思考，并且增加与读者的互动。本教材获"浙江理工大学教材建设项目资助"。希望这本教材能成为一个新的起点，助力我们望见中国新的时尚。

　　是为序。

编写团队

2023 年夏月于金沙湖畔

课时安排

章节		课程内容	课时
第一章 流行的 概念与 基础	第一节 认识流行	一、什么是流行 二、服装流行的特性 三、服装流行的相关理论 四、服装流行的传播模式 五、服装流行的传播媒介	
	第二节 影响服装流行演变的因素	一、文化因素 二、人口因素 三、社会因素 四、技术因素 五、经济因素 六、政治因素	
	第三节 国际时尚中心与时尚文化特点	一、中国上海——"中西交流与海派时尚" 二、法国巴黎——"宫廷文化与高级时装" 三、意大利米兰——"文艺复兴与高级成衣" 四、英国伦敦——"贵族传承与创意文化" 五、美国纽约——"流行文化与大众市场"	
	第四季 服装流行的多元趋势	一、极简主义 二、绿色设计 三、茧式生活 四、可持续时尚 五、可穿戴时尚 六、数字时尚	

续表

章节		课程内容	课时
第二章 服装流行演变与再现	第一节 近现代西方服装流行演变与当代设计再现	一、1837 年至 20 世纪初——"日不落帝国"的宫廷时尚 二、20 世纪 20 年代——"轻佻女子" 三、20 世纪 30 年代——斜裁长裙 四、20 世纪 40 年代——军装风格 五、20 世纪 50 年代——新风貌 六、20 世纪 60 年代——年轻化风格 七、20 世纪 70 年代——嬉皮士风格 八、20 世纪 80 年代——嘻哈时尚	
	第二节 近现代中国服装流行演变与当代再现	一、承前启后的清宫风尚 二、破旧立新的民初风尚 三、觉醒时代的中山装与旗袍风尚 四、海派摩登时尚 五、新中国的新风尚 六、困难时期的"老三服、老三色" 七、改革开放与新时代风尚	
第三章 服装流行趋势预测要素与方法	第一节 品牌消费群体分析	一、人口分析视角 二、地理分析视角 三、心理分析视角 四、行为分析视角	
	第二节 服装流行的趋势要素分析	一、服装流行的色彩趋势要素 二、服装流行的面料趋势要素 三、服装流行的廓形趋势要素	

续表

章节	课程内容		课时
第三章服装流行趋势预测要素与方法	第三节 品牌流行趋势要素的综合分析与设计提案	一、基于现有品牌的趋势预测提案 二、基于创制品牌的趋势预测提案	
	第四节 基于大数据分析的流行趋势预测	一、大数据流行预测国内外现状及发展趋势 二、大数据分析下的服装流行趋势——以杭州知衣科技为例	

目 录

第一章

流行的概念与基础

第一节 认识流行

一、什么是流行

"流行"一词包含两种含义,一是指散布、传播(《孟子·公孙丑上》:"德之流行,速于置邮而传命。"),作动词,描述其散播过程;二是指盛行一时 [1] (如:今年再度吹起复古的流行风),作名词,描述其散播之广。

在新的时代语境下,"流行"是人们通过对某种生活方式及社会思潮的跟随与追求,从而满足身心等方面需求的过程。其形成是由相当数量的人去模仿和追求,并达到一定规模,进而普及开来。其范围不仅涉及物质层面还包括精神层面。

随着现代经济社会的进步,"流行"也搭上了经济发展的快车,逐步渗透到人们的日常生活中。流行现象和经济发展互为助力,成为现代人类精神生活的重要组成部分。

纵览历史发展轨迹,每一次重大的社会变革、科学技术的进步、社会人文思潮的迭代,都无可避免地在当时社会的流行现象当中有所表征。它既可以发生在日常生活最普通的角落,以特定的物质形式为载体而形成流行,如服饰、饮食等方面,也可以发生在广义的社会日常生活中,以各种各样的符号或象征意义等构成传播,如流行语等,还可以发生在人们的意识形态活动中,如文艺、宗教、政治等方面。

服装,作为一种集中反映一个时代政治、经济、文化、材料科学、纺织技术等的重要载体,自然是流行现象的重要构成元素。古老的中国文明孕育了丰富的服饰文化,从先民带有图腾崇拜性质的装扮,到皇帝"垂衣裳治天下",从《周礼》确立服制,到秦汉一统定五色于一尊(尊青黄赤白黑为正色);从魏晋南北朝的仙风道骨,到大唐的胡汉融合;从宋代的文质彬彬,到明清的世俗化转向。中华服饰在特有的文化语境下,不断地迎来创新与变革。如图1-1-1至图1-1-5。

西方工业革命的兴起,使近代的服装流行在范围和速度上逐渐向现代化靠拢。高级时装之父查尔斯·弗莱德里克·沃斯(Charles Frederick Worth,1826—1895)[2] 开创了服装表演和时尚模特的先河,服装流行的商业模式开始显现。第一次世界大战后,商业社会的服装流行特征初见端倪。第二次世界大战后,服装流行走向大众市场与街头时尚。20世纪中期,成衣的批量化生产成为时装主流生产模式,生产成本的降低,使穿着打扮不再是富有阶层与上流社会的特权,普通大众开始拥有更多的服装样式,并逐渐成为时尚消费的主体。自此,大众消费者的时尚诉求开始

---

① 来源于《辞海》字典释义。

② 查尔斯·弗莱德里克·沃斯是第一位在欧洲出售设计图给服装厂商的设计师,也是服装界第一位开设时装沙龙的人,更是时装表演的始祖。

图 1-1-1 汉代印花敷彩纱襜褕①

图 1-1-2 穿大袖衫的魏晋男子②

图 1-1-3 女扮男装骑马俑③　　图 1-1-4 宋徽宗坐像④

图 1-1-5 清代皇后吉服褂⑤

① 故宫博物院藏,汉代印花敷彩纱襜褕。
② 故宫博物院藏,顾恺之《洛神赋图》(局部)。
③ 陕西历史博物馆藏,女扮男装骑马俑,永泰公主墓出土。
④ 台北故宫博物院馆藏,《宋徽宗坐像》。
⑤ 波士顿美术馆藏,清代皇后团龙海水江崖纹吉服褂。

更多地影响流行演变。通俗艺术和街头文化成为设计师们的灵感来源,服装流行呈现出多元风格、跨越阶层、大规模和快速发展的特点。

20世纪90年代后,网络与数字经济的发展进一步改变了流行的传播方式。流行不再是过去单一的传播模式,而是显现出多元化的发展态势,也不再局限于小范围模仿现象,而是朝着打破地域界限,超越阶级局限的大规模、广范围、高速度、短周期的方向加速发展。

常常伴随"流行"一词出现的"时尚",往往被认为具有相同的含义。英文"Fashion"也常被译为"流行、时尚"。但事实上,两者存在着差异。其一,从范围纬度来看,任何领域的"流行"现象,都基于相当的参与人口基数,而"时尚"具有小众性的特征;其二,从内容纬度来看,流行是作为大众传播理论范畴的内容,而时尚以服装服饰为主要载体,与其他周边产品共同构成时尚范畴;其三,从时间纬度来看,流行具有周期性与时效性,而在时尚进程中,无论过去、现在,还是未来,时尚始终伴随人类文明进程;其四,从社会关系纬度来看,社会文化对流行的影响是单向的,随着社会的变迁,人们的观念转变了,流行的服饰也就随之改变,而时尚与社会表现为一种双向关系,时尚的前沿性与示范性引领社会层面流行的发生,而社会流行将会导致"时尚"不再"时尚",进而促发新"时尚"的孕育与发生。

在这个寻求个性的时代,人人都是艺术家,人人都是时尚者,不论"流行"或"时尚",每个人都以不同的方式参与其中,构成了这个时代精彩纷呈的广阔景象。

▶▶ 二、服装流行的特性

服装流行趋势是指构成服装的设计元素,比如廓型、款式、色彩、面料、图案、装饰、风格等在未来所呈现出的一种态势。这种态势总是在生活中改变人们对服装的观念,影响服装流行的发展。

1. 时效性

流行是发生在一定时期内的社会现象,过了一定时间,此现象就会成为"旧"的东西逐渐消失,于是"新"的流行便取而代之。如此循环往复,成为流行存在的基本形式。

同一件事物在不同的时间,具有很大的差异,这种差异性就是时效性。服装流行的时效性是由服装的新异性决定的。一种样式出现,当被人们广泛接受而形成一定的流行规模时,便失去了新异性,转而被新的样式取代。这种周而复始的更迭变化,使流行具有很强的时效性。

2. 区域性

服装文化与地理位置、自然环境密切相关,不同区域呈现各具特色的服装形式,还反映穿着者的情感及审美趣味。北欧人偏爱造型严谨、色彩深重的服饰;而非洲人喜欢造型开放、色彩鲜明的服饰。

一个区域的服装文化是由一个地域族群集体心态与生存价值取向以及审美取向决定的。如某种服装习俗、服装符号、服装纹饰图案等,都具有特定地域内的特定含义。由于地域文化的不同,其影响下的服装表现也有多种形式。意大利文艺复兴时期流行华丽的花卉图案,法国路易十五时期流行涡旋形的藤草和轻淡柔和的庭园花草纹样。中国服装从古至今,龙形纹样运用极为广泛,如龙凤呈祥、龙飞凤舞、九龙戏珠等纹图,不仅隐喻着图腾崇拜,而且抒发着"龙的传人"的情感。

3. 可预测性

服装流行虽然受到各种因素的影响,但总是具有一定的变化规律,大致分为循环式周期性变化、渐进式变化和衰败式变化。不同的变化模式都有其自身特点和成因。而在这种变化发生之初,甚至先于变化之前,借助科学的方法对流行趋势进行预测,进而对流行趋势进行干预,可以有效指导服装生产者对下一季服装新品的开发。

流行趋势预测指在特定的时间,根据过去的经验,对市场、社会、经济以及整体环境因素所做出的专业评估,以推测可能出现的流行趋势的活动。流行趋势预测的内容主要包括:色彩预测、面料预测、款式预测与综合预测等。一般流行趋势预测的周期从色彩趋势、染色织物、面料设计到零售预测,历时两年。现在主要的服装流行趋势预测机构有法国时尚资讯公司(Promo Style)、美国棉花公司(Cotton USA)、英国世界时尚趋势网(World Globle Style Network,WGSN)、中国纺织信息中心。色彩流行色组织有国际流行色委员会、中国流行色协会、日本流行色协会《色彩权威》杂志、国际羊毛局、国际棉业协会等。

▶ 三、服装流行的相关理论

服装流行受政治、经济、文化的影响而不断变化,具有新奇性、短暂性、普及性和周期性的特点,因此服装流行会呈现出未定型流行、短暂性流行、反复性流行和周期性流行四种。服装流行的产生也有多种模式,如自然发生模式,必然发生模式、偶然发生模式和暗示发生模式。

1. 服装流行模式

每一种流行都遵循同样的流行模式,服装流行的程度与时间各不相同。某些流行会很快达到鼎盛期,而有些却要漫长一些;有些流行缓慢地衰退,而有些却是急速下降;有些时装只能在一个流行季节里流行,而一些时装却可能持续几个季节甚至更长;某些风格会迅速消亡,而另一些则经久不衰。整体而言,按照服装流行的时间长短,可将服装流行分为以下 4 类:

(1) 大趋势

大趋势是指与社会文化或者生活方式结合的整体趋势,如茧式生活(Cocooning)。人们在紧张的都市生活节奏与工作压力下,向往更加舒适的生活方式与着装风格,这既体现在家庭装修中,也体现在时装运动化流行趋势中。如,在全球变暖的背景下,绿色时尚、可持续时尚设计成为主要的潮流发展趋势。

(2) 小趋势

小趋势是指某一具体款式或细节的流行。某些电视剧的热播,会带动剧中时装单品热销,这是微观趋势(Micro Trends)的典型代表。剧中人物的服饰装扮会成为人们追逐时尚的风向标。如 1962 年在电影《蒂凡尼的早餐》中,奥黛丽·赫本一袭小黑裙,深得观众喜爱,影片上映后欧洲街头到处可见穿着小黑裙的女性。

(3) 长期流行

长期流行是指延续多年、缓慢的流行。长期预测是指历时两年或者更长时间所做出的流行预测,如风格、市场和销售,用于集中预测那些具有选择性的变化因素。

(4) 快潮

快潮是指快速流行又迅速消失的现象。快潮型产品的生命周期往往很短,主要原因是它只满足人类一时的好奇心或需求,所吸引的是少数寻求刺激、标新立异的人。例如,20 世纪 80 年代,美国歌手麦当娜的音乐不仅影响了一代人,其穿着也引领了当时的潮流,她的服装极为短小,衬衣像内衣与胸衣的混合,戴着宗教性很强的首饰,成为万千女性效仿的对象。

2. 服装流行生命周期

服装流行生命周期指某一款式或趋势的持续时间,并按照流行程度与价格等内容划分为不同阶段。

服装流行生命周期大致可以分为:导入期(Intro visionary spark)、成长期(Rise directional fashion)、鼎盛期(Height major trend)、衰退期(Deline oversaturated looks)、消亡期(Obsolete ends in excess)五个阶段(类似一般的产品生命周期)。每一种产品的流行都经历了这五个阶段,只是所经历的各个阶段的时间各不相同。每一种流行均有周期性,流行也经历一个逐渐变化的过程。

(1) 导入期

设计师依据自己对时代潮流的理解推出一种具有创造性的款式,通过零售渠道向公众提供这种新的服装商品。这类商品往往具有小批量、高品质、制作精美、价格昂贵等特点,这一时期的流行意味着时尚和新奇。

(2) 成长期

当某种新的时装被购买、穿着并为更多的人了解时,它就逐渐为更多的顾客所接受。

(3) 鼎盛期

当一种流行达到鼎盛期时,消费者对它们的需求极大,以致许多服装企业都以不同的方式驳样或改制流行时装并进行批量生产,使流行款式更多地被顾客购买。

(4) 衰退期

最终,相同款式的服装被大批量生产,以致具有流行意识的人们厌倦了这些款式而开始寻求新品。此时的消费者可能仍会购买或穿着这类服装,但他们不再愿意以原价购买,于是零售店铺将这些服装放在削价柜上出售,以便尽快为新款式腾出空间。

(5) 消亡期

流行周期的最后一个阶段是消亡期,此时期原来的流行款式已落伍,消费者开始追逐新的款式,又一个新的流行周期开始。

3. 流行钟摆理论

流行钟摆通常指的是一个时装样式或流行现象从一个极端到另一个极端的周期性变化过程。当一个流行趋势不能长期发展时,其趋势往往会朝着反方向发展,转变速度时快时慢。如图 1-1-6。

在不同的时代背景下,流行钟摆理论在服饰上的表现也不尽相同,例如 20 世纪 40 年代女性裙长的长短变化。早在 20 世纪 20 年代,美国经济学家乔治·泰勒(George W. Taylor)提出了"裙边理论",即女性裙长越短,经济越繁荣;裙长越长,经济越低迷。随后,英国社会学家戴斯蒙·莫里斯(Desmond Morris)通过对该理论进一步研究,也得出了类似结论。如图 1-1-7。

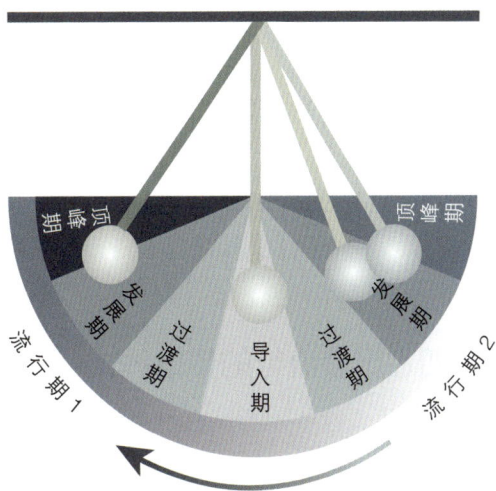

图 1-1-6　流行钟摆

流行钟摆理论的另一个生动例子则是裤腰位置高低的变化。传统的牛仔裤腰线是在人体自然腰围附近,而在某个时间段中,牛仔裤腰线会呈向下走的趋势,最终达到一个低点进而演变成低腰裤。低腰的设计刚开始只运用于牛仔装,后来扩展至军旅装、工装、嘻哈装,甚至覆盖一切类型的休闲女裤。现如今,适合较正式场合穿着的时装也会采用低腰裤设计,甚至是有些男式休闲裤、牛仔裤也有低腰的款式。而这种低腰裤随着时间地推移被人们慢慢抛弃,进而转向极端相反的另一种趋势——高腰裤。高腰裤最大的优点是可以很好地提升腰线,拉长身材比例,

图 1-1-7 20 世纪 40 年代女性裙长的长短变化

同时显露出修长的双腿。这种因腰线转移而形成的低腰裤到高腰裤的流行转变预计会持续十余年。

我们可以通过理解社会和人们生活方式的变化与时尚之间的关系,来了解流行钟摆下一步的可能走向。大多数设计师会以历史流行样式为设计灵感,利用复古回潮来吸引那些没有穿过这些款式的年轻群体。例如,古驰(Gucci)的创意总监亚历山德罗·格瓦萨利亚(Alesandro Gvasalia)于 2018 年秋冬推出的成衣系列,其设计灵感来自 20 世纪七八十年代 "赛博格" 的流行样式。

▶▶ 四、服装流行的传播模式

服装的流行是一个渐进的过程,从时尚的发起者开始,往往呈现以点带面,再由面波及大众的形式。而最初的时尚发起者,处于社会的不同阶层当中,其发起原因、机制、方式和最终的传播模式都有很大不同。因此,根据服装流行趋势的起点不同,其传播演变模式大致可以分为 "下传模式" "上传模式" 和 "水平传播模式" 三种。如图 1-1-8。

1. 下传模式

下传模式(Trickle Down Theory)被称为古典的流行传播过程,在相当长的历史时期内一直是流行传播的主导模式,也被称为 "下滴论",是 20 世纪初社会学家提出的流行理论。流行从具有高度政治权利和经济实力的上层阶级开始,依靠人们崇尚名流,模仿上层社会行为,逐渐向社会中下层传播,进而形成流行,传统的流行过程多为此类型。持有异议的人认为,该模式将在那些能够形成一定流行规模的下层社会的小范围内流行,被上层社会发现、使用并加以倡导,然后再形成另一种自上而下的大规模流行。因此,这种过程不能构成一种独立的流行传播,只是古

下传模式

独有的高雅文化、电影和流行明星

↓

早期采用者

↓

杂志、报纸读者，独家商店的首次发布

↓

中间市场——产品出现在大街上

↓

大众和文化群体——产品被广泛运用

━━━━━━━━━ 大众传播 ━━━━━━━━━▶

水平传播模式

昂贵的版本出现在独家商店

↑

时尚达人需求特别版本

↑

杂志、报纸和电视节目传播

↑

中层市场给这种趋势命名

↑

街头时尚和大众文化群体

上传模式

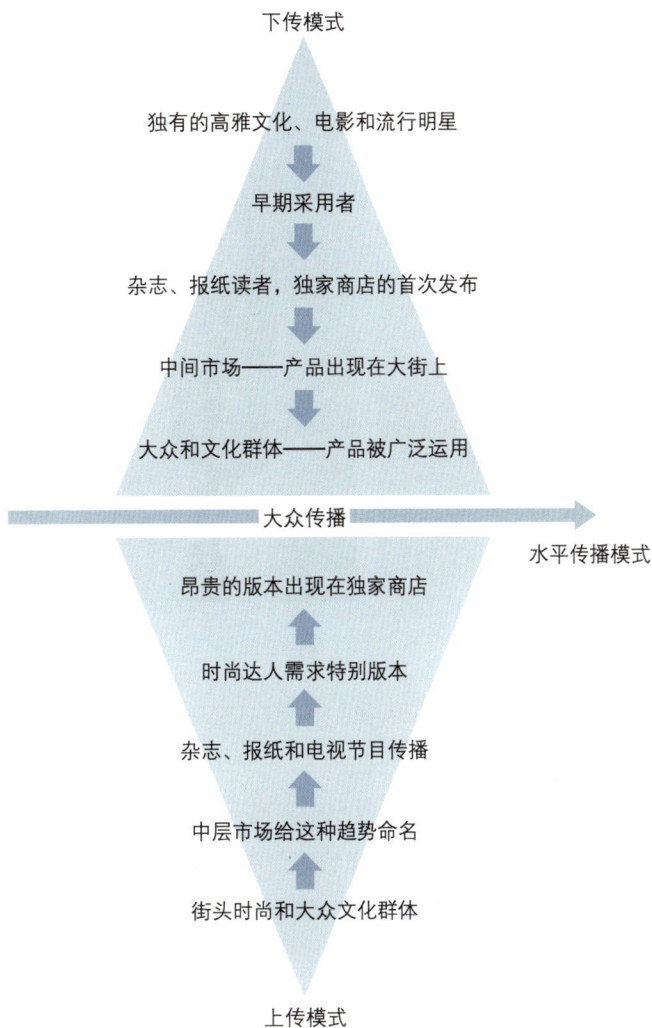

图 1-1-8　三种主要流行传播模式的传播路径

典的自上而下传播过程的一种变形。如 2011 年秋冬,裸色丝袜一度流行,这种象征 20 世纪 70 年代的时尚单品在被时尚界忽略了数年后,重新成为当下时尚单品之一,这得益于英国凯特 (Kate)王妃,她在任何场合出现,所有的搭配款式都在变,唯独裸色丝袜一直不变。2014 年 2 月, 英国服装品牌珍珠母(Mother of Pearl)的设计师波尼(Any Powney)就在秀场上为模特们搭配了 裸色丝袜。这样的趋势逐渐改变了产品和零售的方式,如唐娜·卡兰(Donna Karan)旗下有专门 售卖裸色丝袜"the nudes"线路。据《女装日报》报道,因为跟随"剑桥公爵夫人"频繁亮相,裸色 丝袜的销量猛增 500%,成为当时最亲民的时尚单品。如图 1-1-9。

　　如今,通信技术不断进步,文字与图像能在瞬间传遍全球,这也会对大众生活产生影响。

图 1-1-9   珍珠母秀场模特们穿着裸色丝袜[1]

2. 上传模式

上传模式(Bubble up Theory)是由美国社会学家布伦伯格在 20 世纪 60 年代提出的,即现代社会中许多流行是从年轻人、蓝领阶层等 "下位文化层" 兴起的。流行源于社会下层,由于强烈的特色和实用性而逐渐被社会的中层甚至上层所采纳,最终形成流行,这种流行最典型的实例是牛仔裤。

1853 年,为处理积压的帆布,美国公民李维试着把帆布裁成低腰、直腿、臀围紧小的裤子,兜售给淘金工。由于帆布比棉布更耐磨,这种裤子大受当时淘金工人的欢迎。1935 年,美国《时尚》杂志的流行专栏就刊登过妇女穿着的工装裤。从此,牛仔裤不仅限于工装,还增加了休闲、娱乐的要素,一时间牛仔裤成为城市人外出逛街时的日常便服。好莱坞明星、摇滚乐手在电影及表演中,都喜欢穿着牛仔裤,如 20 世纪 50 年代,一代影帝詹姆斯·迪恩在《无端的反抗》一片中身穿牛仔裤登场。如图 1-1-10。

今天,动态的流行信息更容易吸引大众消费者的了解和购买欲望。我们不难发现,引导时尚的关键力量已经开始改变了。

3. 水平传播模式

水平传播模式(Horizontal Flow Theory)也叫大众选择理论(Mass Market Theory)。大众选

---

[1]   选自珍珠母(Mother of Pearl)官网。

图 1-1-10　李维斯品牌在广告海报与荧幕上的展现[①]

择理论是由美国社会学家赫伯特·布鲁默(Herbert Blumer)提出的,他认为现代流行是通过大众选择实现的。但赫伯特并不否认流行存在的权威性,认为这根源于自我的扩大和表露,流行传播的路径源于社会的各个阶层,并在社会的各个阶层中被吸引和采纳,最终形成各自的流行。随着工业化的进程和社会结构的改变,在现代社会中,发达的宣传媒介把有关流行的大量情报向社会的各个阶层传播,于是,流行的渗透实际上是向所有社会阶层同时开始的,这就是水平传播理论。

　　现代市场和社会结构为流行创造了很好的条件。由于人们生活水平的普遍提高,流行的渗透变得愈发容易。尽管设计师在开发新一季服装时并没有相互讨论,但他们的许多构想却表现出惊人的一致性。制造与选购的成衣制造商和商业买手们从数百种新发布的产品中也只选择了为数不多的几种样式。从表面上看,掌握流行主导权的人是这些创造流行样式的设计师或是选择流行样式的制造商和买手,但实际上他们也是某一类消费者或某一个消费层的代理人,只有消费者进行选择,才能形成真正意义上的流行。

▶▶ 五、服装流行的传播媒介

　　服装流行信息的来源主要划分为三层结构,分别形成多个类别的服装流行趋势传播媒介。即"国际权威预测机构或原材料市场(一级结构)——成衣制造(二级结构)——零售市场(三级结构)",又可根据来源主体不同划分为消费者信息、区域文化、新兴科技、相关时尚行业、流行资讯网站等。如图 1-1-11。

---

① 选自:Levi's 官网。

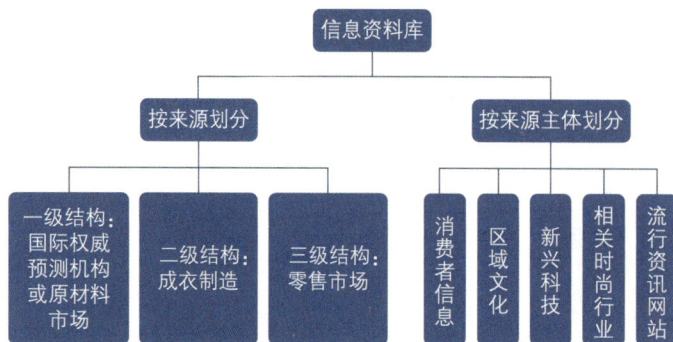

图 1-1-11　服装流行信息的主要来源

1. 按服装流行信息来源划分的三层结构

(1) 一级结构——面料博览会、第一视觉面料展、国际流行色委员会

一级结构指国际权威预测机构或原材料市场，原材料包括各种面辅料，如纤维、毛皮、羽毛、金属、塑料等材料。对于设计师而言，了解有关服饰原材料的发展动向是制造流行的始发点。

新科技的不断创新使面料的种类不断更新和丰富，如天然颜色的棉花、天丝、莱卡等，都为新面料的开发生产提供了条件。同时生产商们会注意新的流行动向，如色彩、消费者对环保面料的需求等，会根据流行趋势预测报告（如色彩、纤维、印花图案）定制面料，指导成衣的生产。

① 面料博览会

对于服装业来说，服装面料博览会在很大程度上决定了来年的趋势。面料供应商每年会在此时展示他们的成果。在这样的博览会上，一些大品牌会对某些面料进行独家采购，甚至即将流行的颜色在服装面料博览会上也已初见端倪。

国际性质的纱线、面料博览会主要有：法国国际纱线展（Expofil）、意大利国际纱线展（Pitti Immagine Filati）、第一视觉面料展（Première Vision）、纽约国际时装面料展（International Fashion Fabric Exhibition）、米兰国际面料展（Intertex Milano）、德国面料展（CPD Fabrics）等。目前我国较有影响力的展览是上海国际流行纱线展（Spinexpo）。

② 第一视觉面料展

第一视觉面料展，简称 PV 展，推崇、鼓励、保护企业设计和创新能力是 PV 展的定位。PV 展创建于 1973 年，是以 1 100 家欧洲组织商为实体，面向全世界举办的顶尖面料博览会。它分为春夏及秋冬两届，2 月为春夏面料展，9 月为秋冬面料展。PV 博览中心发布台每季展出近 5 000 块面料小样，并有丰富的近乎奢侈的趋势陈列物。PV 展由此成为最早对纺织面料产业进行产品引导的博览会。见表 1-1-1。

表1-1-1 重要的国际性质的纱线、面料博览会

中文名	外文名	届次/年	举办时间
法国国际纱线展	Expofil	1	9月下旬
意大利国际沙线展	Pitti lmmagine Filati	2	1月和7月
第一视觉面料展	Première Vision	2	2月和9月
纽约国际时装面料展	International Fashion Fabric Exhibition	2	3月和10月
米兰国际面料展	Intertex Milano	2	2月和9月
德国面料展	CPD Fabrics	2	2月和8月
上海国际流行纱线展	Spinexpo	1	3月

③ 国际流行色委员会

国际流行色委员会全称为国际时装与纺织品流行色协会(International Commission for Color in Fashion and Textiles),成立于1963年9月9日。它是国际色彩趋势方面的专业机构,也是目前影响世界服装与纺织面料流行色的权威机构。总部设在巴黎,发起国有法国、德国、日本。正式成员国包括下表中的19个国家。见表1-1-2。

表1-1-2 成员国及其流行色组织

成员国	成员国流行色组织	成员国	成员国流行色组织
法国(France)	法兰西流行色委员会	匈牙利(Hungary)	匈牙利时装研究所
德国(Germany)	德意志时装研究所	捷克(Czech)	U.B.O.K
日本(Japan)	日本流行色协会	罗马尼亚(Romania)	罗马尼亚轻工产品美术中心
意大利(Italy)	意大利时装中心	中国(China)	中国流行色协会
英国(England)	不列颠纺织品流行色集团	韩国(Korea)	韩国流行色协会
西班牙(Spain)	西班牙时装研究所	保加利亚(Bulgaria)	保加利亚时装及商品情报中心
荷兰(Holland)	荷兰时装研究所	葡萄牙(Portugal)	葡萄牙服装委员会
芬兰(Finland)	芬兰纺织整理工程协会	土耳其(Turkey)	土耳其时尚服装联盟
奥地利(Austria)	奥地利时装中心	哥伦比亚(Colombia)	哥伦比亚纺织协会
瑞士(Switzerland)	瑞士纺织时装协会		

(2) 二级结构——成衣制造

二级结构指的是成衣制造业。较之服装原材料的生产商,成衣制造商要在预定价格之内运用灵感和服装廓形变化,创造出各种风格服饰。他们对流行的预测更加依赖于设计师、买手和零售商提供的信息。

二级结构信息主要来自国内外市场中的服装、服饰的制造商与设计师,各大百货商场、设计师品牌店、买手店等。制造商、设计师和预测人员必须不断地收集各种相关资料,做到超前、快速,甚至侦探式收集,以明确新的流行发展动向,这些成衣制造业主要的展示平台为时装周,例如,巴黎、伦敦、纽约、米兰四大时装周,德国科隆国际男装展,东京时装周,中国国际服饰博览会等。如图1-1-12。

图1-1-12　流行资讯的来源——各大时装周

(3) 三级结构——零售市场

三级结构指的是各级零售业。零售业单纯地以获利为出发点,其中的获利程度准确地反映出市场趋势以及销售定位。

来自各级零售业的信息是获取消费者消费偏好的第一手资讯。预测人员首先从自家卖场着手,自家卖场是最有价值也是最容易得到资讯的地方,销售数据与报表都有助于对趋势的分析。同时还需要观察竞争对手的卖场状况,进而与自家卖场进行比较,以便及时调整修正。此外,品牌需要与各级零售商协调好关系,以便及时收集某一款式的销售记录。一些专门的分析机构是这类数据的来源,如中国市场情报中心、中国纺织信息中心等。

2. 按服装流行信息来源主体划分的多层级别

(1) 时尚杂志

时尚杂志作为普通人最易接触到的流行资讯期刊,它的内容集服装潮流、美容美妆、珠宝配饰、趋势解读于一体,相较于动辄十几万年费的流行趋势网站,时尚杂志显得更加平易近人。在技术推动和政策宽松的情况下,网络资讯媒体对传统杂志造成了巨大冲击,这使得众多传统杂志也纷纷寻求转型开展线上业务。

在网络普及之前,时尚杂志主要以具有消费能力的人群为目标读者,其不仅传播最新的时尚资讯,还在某种程度上背负着为品牌导购的责任,此时的时尚杂志是连接品牌与消费者最直接、也是影响最大的媒介平台。

随着数字化时代的到来,追求时尚的人群不断下移和扩大。时尚媒体的导向也因此逐渐发生变化,目标读者变得更年轻,对他们的收入要求也不再有较高的门槛。在这样的背景下,传统的时尚纸媒都纷纷推出了电子刊、微博官方账号和微信公众号等服务平台,利用互联网带来的融媒体潮流,多维度、全覆盖地进行时尚的传播和推广。如图 1-1-13。

图 1-1-13　VOGUE 在网络文章中展示的 DAZZLE FASHION 秀场

(2) 街头时尚

近年来,时尚网站、论坛、微博中的时尚"街拍"十分火爆。如"中国时尚街拍网""海报时尚网——街拍"等。而这种"街拍"最早来源于国外杂志,这些杂志不仅要及时介绍各大时尚秀场上的时装发布,还要传递来自民间的最新流行讯息。

时尚街拍在人文纪实的基础上,强调穿戴者的时尚元素,将潮流直接放置于真实的生活场景之中,从而体现流行、时尚与普罗大众极强的相关度,促进人们对于潮流的认识和关注。对比这些街拍网站,不论是按地域、按拍摄人群还是按拍摄品类来看,大部分街拍内容无非是明星、模特或者普通人上街的着装和搭配,其目的性和着重点都在于传播流行讯息。街拍作为一种便捷可得的时尚体现,已经走向大众,成为当下有力的时尚传播媒介。如图 1-1-14。

图 1-1-14　街拍的女青年

(3) 互联网与新媒体

互联网与新媒体的各种流行资讯平台,为我们了解流行资讯提供了必要的参考,主要的流行资讯平台有时尚预测机构 WGSN、PANTONE、POP 等。如表 1-1-3。

英国世界时尚趋势网(Worth Global Style Network,简称 WGSN)是一家长期研究世界时尚趋势预测的机构,总部位于美国纽约,1998 年在伦敦成立,2005 年被美国 Emap 公司收购。它致力于提供线上订阅服务和专业咨询。该机构服务仅限应用在商业及工作(两者或其中一种)环境中,不适用于普通大众消费者;它的订阅服务针对时尚创意业,为其提供市场顶尖的趋势预测、设计验证众筹和大数据零售分析。

彩通(PANTONE)是一家专门从事色彩开发与研究的权威趋势预测机构。1953 年,彩通公司的创始人劳伦斯·赫伯特开发了一种革新性的色彩系统,可以进行色彩的识别、配比和交流,从而解决了有关在制图行业制造精确色彩配比的问题。此外,彩通具有独立的配色系统、叠印色彩系统、高保真色彩系统、服装和家居系统以及流行色色彩展望。其中彩通流行色色彩展望是一种每年两次为时装色彩趋势而设的预测工具,提前 24 个月提供季节性色彩导向和灵感,以期在男装、女装、运动装、休闲装、化妆品以及行业设计等方面得到广泛应用。多年来,彩通已经将其配色系统延伸到色彩占有重要地位的各行各业,如数码技术、纺织、塑胶、建筑和室内装饰及涂料等。

波普流行趋势预测网站(Pop)是国内最大、国际领先的专业高端服装设计资源网站。该网站是由逸尚云联于 2004 年成立的旗下高端服装趋势资讯项目,已经发展成为全球领先的时尚网络机构。目前公司具有近 80 万企业注册会员和 20 万设计师注册会员,与国内 90% 的众多知名品牌有长期合作。波普流行趋势预测网站通过网站资讯(九大专区、四大板块)与书籍(五大系列)提供准确的方向决策参考、全面深入的信息情报、丰富海量并可实现应用的素材资料,致力打造趋势、款式、面料——所见即所得的"服饰研发必备平台"。网站涵盖独立设计师作品、时装周秀场高清图片和时尚杂志与书籍,从色彩、面料、图案印花、款式、灵感、主题、廓形等方面,为设计师提供全面的服装解析。

表 1-1-3 三大流行资讯机构对比分析

机构名称	沃斯全球时尚网(WGSN)	彩通(PANTONE)	Pop
机构属性	全球时尚趋势预测和分析公司	国际化开发和研究色彩的权威机构	国内最大、国际领先的专业高端服装设计资源网站
机构诉求	提供有关服饰、潮流、设计和零售方面的创意指导和商业分析	解决有关在制图行业制造精确色彩配比的问题,为各行业开发色彩交流工具	呈现设计师作品、时装周秀场高清图片、时尚杂志和书籍、时尚分析
目标客户	设计师、买手、时装品牌、零售商、制造商、室内设计公司、电子产品公司、玩具公司、邮购产品服务商、文具、美容行业	涂染料生产者、成衣厂商、家用纺织品制造厂商、染色厂商、采购商和设计师	服装生产者和零售商,成衣厂商、设计师
流行趋势预测范围	深入 19 个专业领域,从该行业的新闻、产品开发、色彩、面料、趋势分析、展会、零售、秀场、街拍、名流时尚、市场营销等,全方位分析报道	深入文化和全球趋势,主要围绕色彩展开趋势预测,一般以年度主题色和流行色的形式呈现	从色彩、面料、图案印花、款式、灵感、主题、廓形等方面,为设计师提供最新最前沿的服装解析
小结	各类流行趋势预测的大数据让未来设计方向维度更广也更精准	趋势预测内容具有明显的对于色彩的针对性,有广泛的影响意义	Pop 服装趋势通过网站资讯与书籍提供准确的方向决策参考,是全方位的服装咨询平台

(4)时尚媒体

现在的时尚媒体趋向多样化,如时尚杂志、网站、社交平台等都是获取时尚信息的好渠道。

我们将通过渠道获取的信息进行归纳分析,便可预测下一季有可能出现的高频廓形款式,以及下一季的流行元素。而意见领袖(Key Opinion Leader)作为媒介信息和影响的过滤及中间环节,对流行讯息传播的效果产生了重要影响。

自媒体的发展与壮大催生了许多意见领袖,如时尚自媒体(蒋扬凡)(YangFanJame)以时尚设计、穿搭作为基础对象进行评论,其犀利和精准的评论语言吸引了许多读者,他也通过自媒体的平台将更多自己所接收的流行讯息过滤成评论传达给受众群体。

在新媒体传播背景下,网红已经成为网络时代的意见领袖群体之一,是"草根明星"和"泛偶像"结合的产物与文化生态现象。

▌ 第二节　影响服装流行演变的因素

服装的流行是社会事件和文化思潮发展的结果。本节从以下六个层面逐一分析服装流行与整体时尚趋势发展的影响因素,包括:文化因素、人口因素、社会因素、技术因素、经济因素、政治因素。

▶▶ 一、文化因素

服装流行发展的背后是文化的演变,而不同的时代也因为文化进步而呈现出不同的服饰特色和独有的时代精神。艺术作为时代精神的重要表征,影响着时尚的表达,艺术所承载的中介作用,沟通了时代精神与时尚现象,使两者互为映射,以抽象和物质的形式互相表征。西方现代艺术在1900年前后形成了与以往两三千年西方艺术完全不同的艺术观念、思维、形式,艺术发生了翻天覆地的变化。艺术的写实性、唯美性、线性叙事的美学观点完全被颠覆,当代艺术展现出与过去艺术形式截然不同的非写实性和反唯美性,且这一形态业已成为当今艺术的主流形态与内容。20世纪50年代初,"波普艺术"从根本上动摇了传统艺术的根基,艺术一反常态,转向了个性化、观念化、公众化和生活化。艺术与服装天然交织互融,西方现代艺术的发展脉络对于了解当代服装设计至关重要。如图1-2-1。

▶▶ 二、人口因素

人口对流行趋势的影响主要体现在购买力及服装品类销售方式上。随着我国人口老龄化程度进一步加深,社会对老人健康问题的关心持续上升,老年服装市场的发展空间与需求也不断扩大,老人服饰品牌因此得到进一步发展。

(1900—1910)
现代主义
(现代主义时期：19世纪末法国印象主义–1940s)
(1907立体主义，后印象派，未来派及野兽派与俄国芭蕾艺术为装饰艺术的形成推波助澜。)

(1916—1923)
达达主义(西欧)
无政府主义，反美学，对一切事物采取虚无主义的态度。

(1920s晚期)
国际主义艺术风格(美国)
资本主义，商业性，形式至上。

(1940s中后期—1960s)
抽象表现主义(美国)
无意识，自发性，随机创作。

(1960s—1980s)
后现代主义
几何形式，去装饰化。

(1960s末—1970s)
超现实主义/新写实主义/超写实主义
客观、写实、对立。

(1919—1969)
观念艺术/概念艺术
反文化、大地艺术、人体艺术、表演艺术、语言艺术

(1999s)
反概念主义
对概念艺术的反思，强调以人物或实际描绘物品为主的艺术创作，是新现代主义艺术的一支。

1900's　1920's　1940's　1960's　1970's　1990's

Victorian period　1910's　1930's　1950's　1980's

(1837—1901)
维多利亚风格、工艺美术运动(英、美等)
盛行蕾丝、细纱、荷叶边、缎带、蝴蝶结、多层次裁剪、褶皱、抽褶等元素，拼接技术高超，华丽繁复。

(1910s)
爱德华风格、新艺术风格、新艺术运动(起源于法国)
强调手工艺；自然装饰风格；受东方风格影响；探索新材料和新技术。

(1920s—1930s)
装饰艺术运动(美国)
反对古典主义，手工艺趋向的，感性与异文化图案(东方工艺品)，有机线条。

现代主义设计运动(欧洲)
注重形式与风格，具象转抽象、表现重于再现、创造高于审美。

(1950s)
波普艺术风格(英国)
放大复制大众文化的细节，(如连环画、快餐及印有商标的包装)

(1950s—1960s)
极少主义/简约主义/(1960s—1970s盛行于美国)、极限艺术/减少主义
空洞、中性、非个人化、机械式。

(1980s中期)
新表现主义
20世纪初表现主义的持续发展，以绘画为中心。

(1960s—1980s)
解构主义
二元对立、符号化、分解、颠倒、打碎、叠加、重构。

图 1-2-1　维多利亚时代以来西方百年艺术思潮

　　根据相关数据研究部门的调研结果，娜尔思、恒源祥、波司登、迪葵纳、陶玉梅、胖太太、米兰登、葵、俞兆林、依布等知名品牌成为国内最受欢迎的十大中老年服装品牌。

▶▶ 三、社会因素

　　近年来，随着人们对生态设计、环境保护等议题关注的不断增加，生态和环境的现状和发展等社会因素影响着流行的走向。比如，新型冠状病毒肺炎的出现改变了人们的日常生活方式，使口罩成为人们出行的必备单品。根据社会化购物及商品书签网站所公开的 2020 年最受欢迎的时

尚品牌与单品数据,美国时尚轻奢品牌"本白"延续着前一年第四季的火热气势,再度夺下最受欢迎品牌的宝座。印着该品牌 Logo 图案的布制黑色口罩,更是直接夺下男装类别最受欢迎时尚单品。

四、技术因素

技术因素一方面促进服装发展,为流行不断注入更多新元素;另一方面,它又促进流行信息的交流传播。

自工业时代伊始,人们就变得更加向往技术,科技带来了新的审美标准。缝纫机的出现促使服装从手工缝制走向机械化生产,形成批量化的生产形势,大大缩短了服装流行的周期。同时,新兴材料的研制成功从不同程度上引领了大众的审美,满足了不同阶段人们的服饰需求。20 世纪 30 年代,合成纤维的诞生促成了 20 世纪 40 年代尼龙丝袜的风靡;20 世纪 60 年代,美苏在太空领域的竞争使得太空装得以流行;20 世纪 90 年代高科技质感的流行导致 21 世纪初金属质感的面料出现在各大时装周中。纺织技术的进步和化学纤维的发明极大丰富了人们的衣着服饰。而信息技术的突飞猛进,正带给消费者前所未有的体验。

五、经济因素

经济水平是服装流行的物质基础,一种新的服装样式广泛流行,首先是社会具备能够大量生产此类服装样式的能力,其次是人们具备相应的经济能力和闲暇时间。我国的流行服饰从 20 世纪 60 年代末的蓝、黑、灰色调到现在的与国际流行接轨,充分地显示了经济发展对服装流行的推动作用。

经济水平不仅影响着流行的大趋势,对具体服装款式也产生一定的影响。1929 年股市大崩盘宣告资本主义经济危机的到来,大量走上社会的女性又被迫回归家庭,要求女人具有女人味的传统观念重新抬头,服装方面又一次出现尊重优雅的倾向。

六、政治因素

政治因素是影响流行的外部因素,它的影响范围涉及人们的生活观念与行为规范,促使人们改变着装心理和穿着方式。历史上许多典型的政治事件都对服装的流行起着推动和引领作用。

比如伴随着辛亥革命与新文化运动,男子开始流行着中山装与西装,女子流行着轻便适体的改良旗袍。而改革开放以来,社会思想大为开放,服装在款式、颜色和材料上都发生了翻天覆地的变化,西装取代中山装成为社会主流,风衣、夹克、休闲装等男装款式开始逐渐增多。开放的政治环境拓宽了人们对于服装样式的包容度,也带来了服装的快速发展和审美变化。

在以上介绍的六种影响服装流行趋势的因素中,文化因素的体现是多元的,承载着历史、区域、人们的精神生活变迁等。人口因素从宏观上调控和引导着服装流行趋势的变迁,是人们在日常生活中需求转变的具体原因。社会因素的构成较为复杂,具有不可控性,却在服装流行趋势改变的过程中发挥着至关重要的作用。技术因素在不断的革新与进步中推动和制约着服装流行趋势的变化,新兴技术在服装生产销售中的应用使得消费者拥有崭新的体验和更高的追求。经济因素塑造着不同的审美范式,使得服装流行趋势在经济的不断波动中呈现出更加具象的表达。政治因素在宏观上调控和引导人们在服装上的选择,在较为开放的政治环境中,人们更加追求服装的多样性和丰富度,这也使得服装流行趋势的不断扩充和融合成为可能。这些因素共同作用于服装流行趋势。如图 1-2-2。

图 1-2-2 影响流行的主要因素

第三节 国际时尚中心与时尚文化特点

一、中国上海——"中西交流与海派时尚"

中国时尚中心——上海,是中国时尚业的重要发源地,也是中国时尚品牌诞生的摇篮。不论从地理位置还是文化特征等方面,上海都具有得天独厚的发展时尚产业的优势,"海派"文化即植根于这个城市。虽然上海只有百年历史,却有着深厚的文化底蕴,江南的吴越传统文化与各地移民带来的多元文化相融合,形成了极富特色的"海派"文化。如图 1-3-1[①]。

---

① 彭国跃. 上海南京路上语言景观的百年变迁——历史社会语言学个案研究 [J]. 中国社会语言学,2015 年第 1 期,61 页.

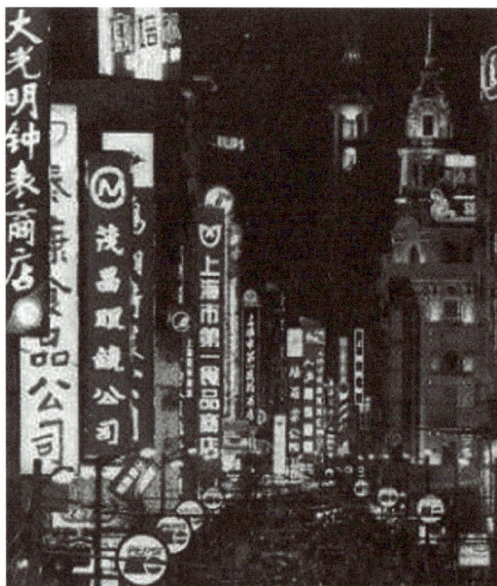

图 1-3-1　20 世纪 90 年代上海南京路街景

早年的上海时装主要以定制为主,那时做洋装的裁缝师傅们没有经济实力开店铺,只能拎着工具箱到顾客家中对其进行量体裁衣。20 世纪 20 年代中期,洋装成为一种摩登和时髦的象征,这使上海的时装定制开始繁荣发展。这一时期的裁缝师傅不但有能力开设店铺,而且拥有了自主设计制作后再对外出售的主动权。20 世纪三四十年代,改良旗袍也被称为"海派"旗袍,开始流行。这种旗袍在结构上吸收西方的剪裁方式,使旗袍更为合身,并且在袖口、领口上加以西式装饰。此时的上海也成为中国时尚中心,以及社会名媛的乐园。

独树一帜的"海派"文化体现了上海的包容性和多元性。这种开放的时尚文化吸引了一大批独立设计师品牌入驻上海,成为国内外各类时尚品牌的发展平台。除此之外,国内的一些院校与文化机构致力于发扬"海派"文化,为中国时尚产业培养了大批时尚人才,同时通过各种形式诠释"海派"文化。"海派"文化在中国及世界的时尚创意领域中,承担着民族性和世界性的双重身份。

▶▶ 二、法国巴黎——"宫廷文化与高级时装"

法国时尚中心——巴黎是法国的首都,也是其政治、经济、文化中心。巴黎有着悠久的历史和深厚的文化底蕴,虽然在发展过程中有起有落,但是其时尚地位始终没有被任何一个城市完全替代。提起巴黎,除了绘画雕塑、城堡宫廷,还有时尚与艺术交融的产物——高级时装。

巴黎高级时装最早的开拓者是 19 世纪的查尔斯·沃斯,随后时装设计师们跟随其发展的脚步,建立了自己的时装屋。如保罗·波烈(Paul Poiret)、艾尔萨·夏帕瑞丽(Elsa Schiaparelli)等。如图 1-3-2。

高级时装在 19 世纪末开启了兴盛时代,巴黎自此成为繁荣的时尚中心,巴黎设计师的设计作品成为世界各地时尚追随者的效仿对象。设计师们创造了众多世界著名的时尚品牌,如香奈儿、迪奥、圣罗兰、爱马仕、路易威登等。探究法国摩登时尚文化的源头,可以追溯至法国国王路易十四。从他建造的凡尔赛宫,以及他奢华的穿着与生活方式就可以看出其丰富而独特的品位。在他意识到奢侈品对国民经济的重要性后,路易十四颁布了《共和二年法令》规定各类艺术形式和艺术人才在法国受到保护,并发展了艺术产业,其中包括纺织品贸易,这些产业的发展

图 1-3-2　沃斯时装屋的沙龙展示

使法国成为世界时尚的领导者。法国时尚自宫廷蔓延开来的对于艺术与奢华的追求之风，不仅在当时引领了时尚潮流，甚至在 19 世纪以后，还影响着许多人的消费习惯。这种对于艺术精神和精致生活的追求，同时也推动了民间手工业的高速发展，并为宗教和艺术的发展提供了丰厚土壤。

▶ 三、意大利米兰——"文艺复兴与高级成衣"

意大利时尚中心——米兰是世界著名的国际大都市之一，是意大利最发达的城市和欧洲四大经济中心（法国巴黎、英国伦敦、德国柏林及意大利米兰）之一，是世界时尚与设计之都、世界艺术之都。20 世纪以来，奢侈与时尚融合是时代发展的主要特征之一。1951 年的 2 月 12 日，在意大利佛罗伦萨皮蒂宫的白厅由一名意大利贵族时装商人所举行的一场时装秀，被美国 *Women's Wear Daily* 杂志积极报道，意大利时尚也由此进入大众视野。如图 1-3-3。

溯源历史，意大利的时尚文化发展大致可分为四个阶段。其一，20 世纪 50 年代，以第二次工业革命为历史背景，蓬勃发展的意大利工业与其时装产业相结合，发展以工业制造为中心的意大利时尚产业；其二，20 世纪 70 年代，全球文化观念革新冲击意大利时尚产业，意大利时尚发展模式在挑战中转型升级，催生"意大利制造"（Made in Italy）；其三，20 世纪 80 年代，意大利时尚逐步确立了以先进服装制造与设计相结合的时尚产业发展路径；其四，20 世纪 70 年代至 90 年代，意大利时尚文化孕育下的"意大利制造"逐步走向全球市场。

依托于源远流长的意大利历史文化底蕴与因地制宜的传统纺织产业，意大利时尚在起伏的历史长河中积淀出以"文艺复兴与高级成衣"为特征的意大利时尚文化。意大利米兰作为西方

图 1-3-3 1951 年意大利佛罗伦萨首场时装秀

时尚发展历程中的重要坐标,面向世界各地持续输出意大利时尚文化与内涵,与其他西方时尚中心城市,共同勾勒出西方时尚的时空维度与纵横坐标。

▶▶ 四、英国伦敦——"贵族传承与创意文化"

图 1-3-4 1934 年拍摄的伊丽莎白公主(左)、玛格丽特公主(右)

英国时尚中心——伦敦,是英国的首都,也是世界上最大的金融中心之一。伦敦既保留了大英帝国时期的传统文化,又有现代文明的前卫风潮,它通过对创意产业的强调,成了新的时尚中心。伦敦有数量众多的名胜景点与博物馆,是多元文化并存的大都市。如图 1-3-4。

"绅士"一词始于英国,从 17 世纪开始,英国贵族阶级倡导传统文化与自我存在的价值观、追求品位与人性化的生活方式,使得英国形成了与众不同的贵族文化。这种贵族气息自然也流入了他们的时尚舞台,尤其是男装和其他相关时尚创意产业受到了全世界的关注。19 世纪以亨斯迈(Huntsman)为代表的众多知名的男装定制店相继出现,伦敦逐渐成为国际男装中心。第二次世界大战的爆发让这个曾经的"日不落"帝国日渐衰退,随之出现了失业率上升、住房困难等一系列社会问题,使伦敦人民更倾向于购买廉价的服装,由此催生出伦敦特有的"高街时尚"。20世纪70年代,大批年轻人反对传统的观念与主流的时尚,宣扬彰显个性与自我,成为当时英国前卫时尚的主力军。20世纪80年代以来,以撒切尔夫人为代表的英国政府将时尚产业提至很高的地位,并于20世纪90年代明确提出"创意产业"的概念,由此涌现出许多集艺术、商业、创意于一体的优秀设计人才。至此,以创意产业与金融服务业为双引擎的英国时尚产业,在政府的引导下,以伦敦为时尚中心,以"贵族文化与创意产业"为时尚文化特色,寻求传承并创新。

五、美国纽约——"流行文化与大众市场"

美国时尚中心——纽约,是美国第一大城市及第一大港口。得天独厚的地理位置与便利的航运交通使纽约成为美国贸易中心,也成为移民的目的地。商业文化与移民文化的交融,衍生出了纽约多元、包容,甚至有些叛逆的城市文化。20世纪以前,世界时尚与艺术中心一直在巴黎。20世纪初,纽约服装产业与其他辅助服装产业的机构一起,构成了时尚产业,包含了从生产到分销再到消费,环环相扣的完整单元。曼哈顿服装区的建立更是在纽约时尚产业发展进程中起到了至关重要的作用。如图1-3-5。

服装产业在这一阶段已经是纽约经济的主要推动力,生产、运输以及产品推广等产业链上、下游均趋于成熟,唯一不足的是设计依旧跟风巴黎。直至第二次世界大战爆发以及法国时尚活动的骤停,使得美国时尚不得不转而探索自身风格与发展路径。美国当代艺术就萌生于这一历

图1-3-5　曼哈顿服装区的零售商

史进程中,音乐、表演、电影等艺术形式的出现与时尚传播方式的创新迭代,引发了美国大众意识形态以及时尚设计语言的转变,最终完成了美国时尚的"文化转型"。扮演沟通纺织服装产业和城市文化产业的角色便是设计师和时尚组织。设计师从城市文化产业中汲取灵感创作出新的时尚作品。反之,设计师的时尚作品也为城市文化产业注入新的活力。商业、文化和艺术的协调发展实现了纺织服装产业整体的时尚转型。纽约时尚根植于商业化与艺术的交织,以大众时尚与成衣业为核心,融合了当代艺术与纽约文化,构成了独具一格的现代时尚体系。准确的定位与大众市场的蓬勃发展契合,由此挑战了百年以来巴黎在时尚界的绝对地位。

第四节　服装流行的多元趋势

一、极简主义

　　极简主义设计是 20 世纪末至 21 世纪初最重要的设计风格之一。它渗透了很多领域,从用户界面到硬件设计,从汽车到电影、游戏,从服装设计到建筑设计,再到当今的网络和视觉设计。

　　20 世纪 90 年代的美国经济繁荣,政治上与苏联的冷战结束,世界朝着多极化发展,文化呈现多元化的趋势。在这样的大背景下,时装文化蓬勃发展。20 世纪 90 年代后期,时尚开始走向了极简主义,不多的装饰、直线条、修身的剪裁、适当的露肤、自然的妆容、率性的发型。"看似简单,又包含无限"是阿玛尼赋予品牌的精神,使他成为影响"极简主义义无反顾"的重要人物。1975 年乔治·阿玛尼(Giorgio Armani)创立公司,他紧紧抓住国际潮流,同时以使用新型面料及优良制作而闻名。他于 20 世纪 90 年代推出极简主义风格的中性休闲款西装外套,这一服装样式契合了他希望服装给予女性自信,并使人深切地感受到自身的重要,追求自我价值的肯定和实现的设计理念。如图 1-4-1。

　　20 世纪 90 年代的阿玛尼,其设计风格正如他的自我评价:"我的设计遵循三个黄金原则,一是去掉任何不必要的东西;二是注重舒适;三是最华丽的东西实际上是最简单的。"这个时期,除了在上百部电影中可以看见阿玛尼亲手设计的西装外套,每年颁奖季时,好莱坞大明星们也喜欢穿上阿玛尼设计的西装外套出席活动。阿玛尼与影视界的长期合作以及与好莱坞的频繁合作,使阿玛尼品牌享誉世界。

　　吉尔·桑达(Jil Sander)是德国设计师吉尔·桑达(Jil Sander)创立的时装品牌,20 世纪 70 年代,西方服装发展正处于变革浪潮前夕,桑达力排众议,因极简美学设计理念而闻名遐迩,于1968 年创立了吉尔·桑达(Jil Sander)品牌。她的设计以极简的美学效果著称,被称为"极简女王"(Queen Of Clean),其设计的产品有极简西装小翻领,敞怀 V 领收身外套和各种略宽松的短夹克,

图 1-4-1　阿玛尼女性西装外套

紧身裤装配包身单扣不对称剪裁的西装外套，只在脖口处露出里面的衬衣领口等。2017 秀场的新职场西装套装，力求通过肩部阔型流线使职业裙装更具现代感，采用的颜色多为中性，布料现代但不夸张。如图 1-4-2。

图 1-4-2　2017 吉尔·桑达秋冬西装外套

对比阿玛尼和吉尔·桑达的女性西装外套设计,阿玛尼在两性性别日趋混淆的年代,打破了阳刚与阴柔的界线,引领时尚迈向中性风格。而桑达自20世纪成立以来便是极简主义的风向标,除了延续其一贯的独特剪裁方式外,廓型也在寻求柔软、舒适、贴身的路上趋向最佳平衡点。

极简主义不仅仅是一种时尚表达,也是一种生活态度。不同的社会背景下,对于极简主义精神的诠释推动了女性西装外套样式的出现,也正是这种独树一帜的设计理念,让秀场的衣服走入了我们的日常生活。

人们从20世纪80年代的呆板中挣脱出来,卡尔文·克莱恩(Calvin Klein)的吊带裙在20世纪90年代的极简主义时尚中产生了巨大的影响。人们被卡尔文·克莱恩简单的时尚风格所吸引。很快,其他服装品牌,如普拉达、香奈儿、吉尔·桑德斯等,都加入了20世纪90年代极简主义美学服装的行列。如图1-4-3。

图1-4-3 1999年秋季卡尔文·克莱恩时装发布会秀场

《老子》中有"大音希声,大象无形"的表述,极简主义的艺术理念与之有异曲同工之妙,因此,极简主义在中国很容易被人们接受。但由于中国设计起步较晚,20世纪90年代中国所流行的极简主义还只是对西方的简单模仿。1979年法国著名设计师皮尔·卡丹成为我国改革开放后第一位将西方时尚引入中国内地的外国设计师,中国人的服装由此逐渐从单调的蓝、灰、黑色调开始变得丰富多彩起来。西方时尚传入中国以后,我国出现了多种设计风格并存的景象。如图1-4-4。

二、绿色设计

绿色设计(Green Design)是 20 世纪 80 年代末出现的一股国际设计潮流。绿色设计是人们对于环境及生态破坏的反思,同时也体现了设计师职业道德和社会责任心的回归。20 世纪末的设计师们不再只单纯追求形式的创新,而是以冷静理性的思维反思 20 世纪工业设计的历史进程,审视新世纪的发展方向。到 20 世纪 90 年代,许多设计师开始从更深层次探索工业设计与人类可持续发展的关系,试图通过设计活动建立人、社会、环境的协调发展机制,这标志着工业设计发展的一个重大变化,也成为工业设计发展的主要趋势之一。

图 1-4-4　1993 年,北京一家服装公司举办牛仔展示活动

三、茧式生活

茧式生活(Cocooning)是一种将自己与正常的社会环境隔离或隐藏的生活方式。如图 1-4-5。

茧式生活一词在 20 世纪 90 年代营销顾问费丝·波普康(Faith Popcorn)的书中提到。费丝·波普康表明,茧式生活可以分为三种不同的类型:社会化的茧(the socialized cocoon),指有些人蜗居在家中;盔甲式的茧(the armored cocoon),指有些人建立了一个屏障,以保护自己免受外部威胁;漫游中的茧(the wandering cocoon),指有些人有着一道技术屏障,这道屏障将一个人与外部环境隔离开来。

图 1-4-5　茧式生活概念图

茧式是 2021 年时尚趋势的主要关键词之一：当我们继续在家和社交距离之外的地方工作时，用茧式廓形的服装包裹自己，给予自身更舒适的感受。Pinterest 官网报告称，从 2019 年秋季到 2020 年秋季，"茧式毛衣"的用户搜索量激增了 155%。在 2021 年春季西蒙娜·罗莎、川久保玲、罗意威等时尚品牌的秀场，我们都能看到茧式廓形的身影。一些快时尚品牌也纷纷推出了茧式廓形的服装，如"和你在屏幕上看到的一样""飒拉"的品牌服装产品。如图 1-4-6。

▶▶ 四、可持续时尚

可持续时尚是目前国际产业界、时尚界的共同话题和新风向标，旨在促进时尚产品和时尚体系向生态更加完整转变的行为和过程。如何通过可持续的设计、可持续的生产制造、可持续的消费，共同构建一个对生态友好的可持续时尚，是未来时尚产业发展的一个重要方向。

图 1-4-6　ASOS 服装品牌

欧洲联盟委员会将环境设计原则定义如下：

第一，尽可能使用低影响材料：无毒、可持续生产或回收的材料。这些材料运输和加工所需的自然资源（如能源和水）很少或不构成任何自然危害，且其使用不会威胁生物多样性。

第二，注重资源效率：创建生产过程、服务和产品，尽可能少地消耗自然资源。投资于高质量和耐久性：更长的持久性和更好的功能性产品，这些产品淡化对美学的追求，从而减少产品更换。

第三，再利用、回收和更新：设计可重复使用、回收的产品。

时尚公司可以为可持续的消费模式做出贡献。例如一些时装公司提供二手时装或启动租赁服装和配饰系统，专注于创造高质量和永恒的设计时尚，建立纺织品回收系统，一些公司选择与"共同调查者"公司合作，例如杰克·琼斯、彪马和北面等。

众多设计师也纷纷在设计中为可持续发声，譬如斯特拉·麦卡特尼，自 2001 年推出时装公司以来，她是环保时尚的先驱之一，她使用的材料包括有机棉、羊毛、回收纺织品，但不包括毛皮和皮革。斯特拉·麦卡特尼在巴黎时装周上主持了她的 2019 年秋季系列，其设计致力于保护濒危雨林的新"她就在那"计划。如图 1-4-7。

不幸的是，当今占主导地位的"快时尚"并非可持续，它不仅消耗地球自然资源，剥削世界各地的劳动力，导致大量浪费。快时尚产业中使用的快速流程需要通过不良的农业实践、有毒的化学药品和合成面料，生产廉价的非天然材料，使用有毒化学物质对服装进行染色和防水处理。这些化学物质在制造过程中经常会泄漏到环境中。更令人担忧的是，任何进入供水系统的物质最

图1-4-7 斯特拉·麦卡特尼秀场

终都会进入食物链。低工资、危险的工作环境,使得贫穷落后国家的劳动力为快时尚付出了惨痛的代价。

为了解决快时尚的破坏性问题,形成了一种新的运动,即慢速时尚。近年来,慢速时尚正引起人们的广泛关注,并在不断创造设计、制造和购买服装的新方式。根据谷歌趋势统计,2019年"慢时尚"一词的搜索达到了新的高峰。如图1-4-8。

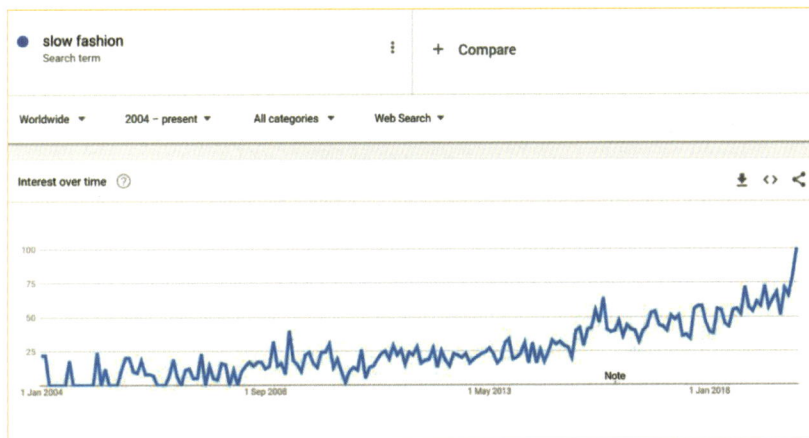

图1-4-8 Google"慢时尚"词汇搜索量统计

　　慢时尚是有意识地购买和穿着可持续性的服装,本质上与快时尚是完全相反的。慢时尚正随着消费者态度的变化而越来越流行,逐渐成为一种生活方式,一种有益于人类生存和地球发展的思维方式。真正的慢时尚产品经过精心设计,并以高品质的设计尽可能延长产品的使用寿命。慢时尚产品以缓慢的方式,在满足消费者需求的同时,极大地减轻了对环境的压力。慢时尚使用可持续的方式种植天然材料,染料和防水剂中不使用任何有毒化学物质,这消除了对制造过程和水处理过程中污染的隐患。

▶▶ 五、可穿戴时尚

　　"可穿戴"是"可穿戴技术"概念的总称,它由可作为服装部件使用的技术设备组成,或者找到技术创造时尚的方法。可可•香奈儿曾说:"时尚可不仅仅存在于穿着的衣服。时尚在天空,在大街上。时尚与创意、我们生活的方式及时刻发生的事情有关。"时装行业是一个不断发展的行业,可穿戴技术成为冲击时尚界的最新趋势。

1. 可穿戴配件

　　手镯、手表、流苏钥匙链、戒指、腕带、耳环、项链、手套、脚链等智能配件,已将时尚推向了新的高度。它们具备诸多功能,例如,与智能手机通信、作为空气净化器、充当拍照按钮,跟踪心率、压力水平、睡眠方式、月经周期等,许多此类设备还携带内置充电器。

2. 可穿戴时尚手袋

　　有一些以可穿戴技术为基础的时尚手袋具有多样的功能,例如,打开包袋时有电池供电的 LED 照明灯,可以自动照亮手提箱和手袋的内部。有些手袋可保持与设备的连接,并允许免提通话、听音乐、浏览照片、定位和录音等。有的还可以为智能手机和其他 USB 设备充电。

3. 新型织物服装

　　新型织物服装正越来越多地用于为穿着者提供舒适感,并且其颜色或质地会根据穿着环境的不同而发生变化。采用新型织物(例如合成微纤维)的服装也变得很普遍。一些服装中还装有传感器,可以测量生物体征并调节温度。还有具有嵌入式 RFID 技术的互联服装,使客户能够找回丢失的可穿戴设备。智能衣服结合了时尚和可穿戴技术。

4. 3D 打印技术

　　服装对穿着的环境作出反应,如对周围的光线作出反应。3D 打印技术已与可穿戴技术无缝融合,一些机器和材料可以打印高级材料。

5. 人工现实显示器和虚拟现实更衣室

　　时装商店(实体店)通过使用商店中的 AR(人工现实)显示器和 VR(虚拟现实)更衣室,使访客可以更便捷地试穿服装。这个技术有助于提高转换率,并将更多的潜在客户转变为买家。此外,VR 可以让时装设计师创建更好的合身服装,因为在设计时可以提供完整的 360 度外观。AR 和 VR 结合使用,可以带来更好的购买体验。

▶▶ 六、数字时尚

1. 数字时尚的定义

数字化时尚指基于新技术带来的市场变革、消费行为变化,诱发品牌的技术升级与战术变化,强调品牌互动与全渠道沟通过程中的科技应用,例如,3D 扫描、MTM、虚拟试衣等。

2. 数字化定制时尚趋势

定制指对消费者需求进行的量身定做,指向具体产品、服务或体验,将个体消费者信息贯穿于产品设计、使用、品牌营运的全过程。数字技术的更新,使"互联网 +"服装定制市场拥有更大的发展潜力。许多国际大牌针对中国服装市场的发展行情推出限定服务,如法国奢侈品牌珑骧(Longchamp)与微信达成战略合作,推出了"个性定制工坊"小程序,成为微信里首个推出小程序的奢侈品牌;迪奥推出 200 款限量手袋,仅展示在迪奥中国微信公众号和官网等;各高端成衣品牌纷纷拓展定制市场,更多大众品牌也进军定制市场。

目前,服装公司在试衣网上发布新款服装,用户可以在试衣网上利用虚拟试衣间试穿和搭配各种服装,可以根据自己的体型调节试衣模特的身高、肩宽、臂长及三围,直观感受自由选择搭配服装的便利。此外,顾客还可以更换试衣模特的发型、脸型,更真实地感受场景式试衣效果。

3. 服装虚拟 3D 技术

服装虚拟 3D 技术的不断进步,为古代服装的数字化保护提供了技术支持和可能,被广泛应用于古代服饰、少数民族服饰、服装博物馆等服饰展示。目前,有通过 MAYA 建模软件创建人物与旗袍模型,并结合 VR、UNITY 3D 等场景虚拟系统构建虚拟博物馆;有研究 UNITY 3D 和 3ds MAX 等虚拟展示技术的应用,借助这些技术塑造汉代服装模型;基于 CLO 3D 中虚拟试衣的功能,虚拟复原汉代画像石中人物服装,对交领藏袍进行结构改进,提高虚拟藏袍的造型效果,对藏族风格系列设计作品、香云纱服装设计作品进行虚拟展示,并以生动立体的动态形式呈现。

一般来说,3D 复原步骤主要包括四步:一是虚拟人体尺寸的设定,设定的内容包括模特类型、人体尺寸、安排点面等。二是样板导入与模拟,导入样板后对裁片位置进行安排,使用虚拟缝线缝合。三是属性设置,包括面辅料属性、色彩、纹样等各要素的设定。若对服装效果有更高质感要求的可导出至其他渲染软件(如 MAYA、3D Maxs 等),以提高服装质感,增强真实效果。四是检查与调整,最后在系统内模型展示。如图 1-4-9。

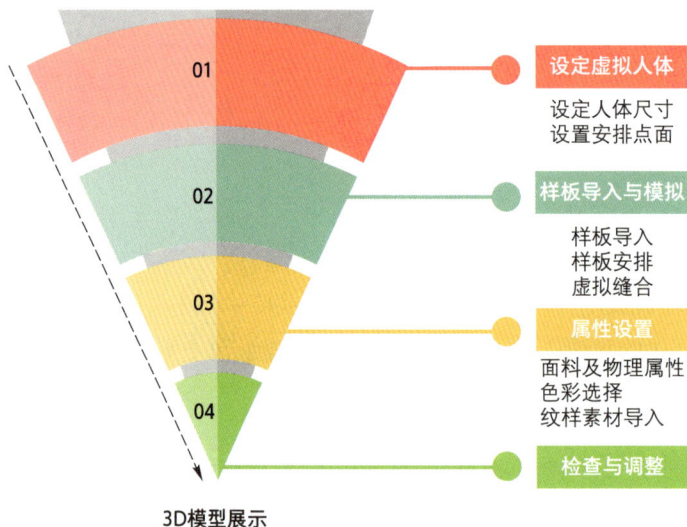

图 1-4-9　虚拟服装 3D 复原流程图

4. 数字时尚案例

数字化虚拟 3D 技术是目前较为成熟的三维技术,广泛应用于多个领域。针对服装领域的仿真项目早于 1990 年就开始由瑞士 MIRALAB 实验室投入研究,在此之后,服装 3D 软件陆续被发开应用,包括美国的 3D Runway、Optitex V-stitcher、3D-Fashion Design System,加拿大的 3D Sample,法国的 Modaris 3D Fit,日本的 i-Designer、Dressing Sim LookStailor,韩国的 CLO 3D 与 DC suite 等。我国在服装虚拟展示技术方面起步较晚,近年来企业和院校也不断加快探索的脚步,例如,广州雅迅网络科技有限公司开发的图易服装三维工艺创样系统,为服装设计师提供设计和修改的便利;杭州森动数码科技有限公司为个性化服装需求研发的"3D 虚拟试衣"软件;美特斯邦威服饰博物馆和上海纺织服饰博物馆开发的网上虚拟服饰博物馆,以三维模型的方式展示馆中精品服饰。

艾米丽·伍兹推出了由环保染料染制的有机意大利棉制成的"环保牛仔"系列;李维斯宣布推出"以未来为导向"计划,用三大创新手段大幅提高牛仔裤生产效率和环保力度,即以自动激光操作取代手工操作,自动完成耗时的劳动密集型和依赖化学品的手工加工过程;减少化学配方的使用,包括数千种特别严苛的氧化剂、高锰酸钾等;Levi's 公司的设计师利用新型成像工具完成表面处理和生产成品的创作。如图 1-4-10。

"顶级商店"是另一个处于数字化发展前沿的英国品牌,关于"顶级商店"2015 秋冬系列,"顶级商店"与"推特"合作,直接从 T 台上识别实时趋势。客户只需向 @"顶级商店"发送带有趋势标签的推文,例如 # 皮革 # 色块 #,他们就会收到一条推文,其中包含系列风格产品,可直接从 T

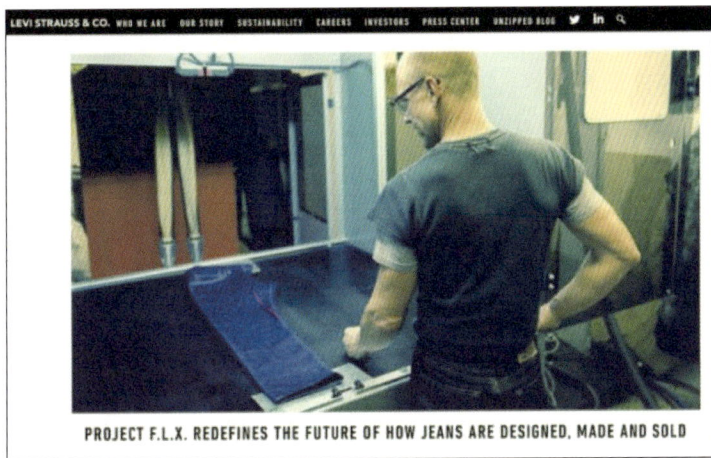

图 1-4-10　李维斯生产环保系列图

台上购买。与前一周相比，该活动使所有特色趋势的销售额增长了 24%。

巴宝莉是真正的数字创新者典范，在拥抱技术和创新方面被公认为全球领导者。巴宝莉是第一个在自己的网站上向全球公众展示其 2010 年秋冬时装秀的 3D 直播的奢侈品牌。该节目的观众有机会从该系列中购买 30 件，这些产品在六周后交付。

西班牙快时尚品牌芒果（Mango）大力发展线上业务，关停低效益单店，开设大型旗舰店以销售全品类单品来营造新的消费环境。这种集中力量开启"线下体验服务 ＋ 线上社交传播"双轮驱动的新零售模式，意在抓住品牌核心人群，在线触达消费者，运用营销数字化的能力深度运营全渠道用户。如图 1-4-11。

图 1-4-11　芒果官网发展线上业务

Mango 的旗舰店基于图像视觉和重力传感技术开启的智能专柜,主要有三大功能:

(1) 商品展示

当专柜感应到顾客接近,屏幕会出现"看看我""试试看"等引流动作。顾客用手机扫描二维码进入小程序后,只要拿起商品,专柜和手机屏幕都会自动跳出商品信息,包括价格、说明、历史评论等,把商品放回专柜后信息就会消失,整个过程非常顺畅。

(2) 动态折扣

芒果可以自动识别顾客的行为,实时推送个性折扣和商品。以美妆为例,如果顾客拿起一只口红超过 5 秒,专柜屏幕会自动转到在线试妆的应用;如果停留时间较长,系统还会推荐其他品类。

(3) 无感结算

顾客直接拿走商品,转身离开,柜台通过视觉算法自动识别,将支付信息推送到顾客的手机,实现无感支付。

与无人销售场的概念不同,芒果的智能专柜针对的是有人的场景(门店内),而且强调顾客在店内获取信息和挑选商品的体验,系统会为消费者建立一个用户账号,详细记录其体验信息、消费者系统等,由人工智能模型分析预测并指导实际运营,如店面选择、物品陈列方式、客流控制、个性化会员营销、供应链管理等。

▎课后提问与思考

问题一:简述时尚与流行的区别,并阐述流行为何可以预测。

问题二:选择本章提及的两个时尚流行的影响因素,对具体案例进行分析。

问题三:举例说明当下潮流品牌的生命周期由导入期进入鼎盛期的关键原因。

问题四:结合本章内容,思考法国、美国时尚文化中心是如何形成区别于他国的流行文化的。

▌ 本章拓展资源

1. 文化因素与流行

2. 社会因素与流行

3. 政治因素与流行

4. 经济、科技因素与流行

5. 流行趋势的内容和定义

6. 流行趋势的四种主要类型

7. 流行生命周期

8. 流行的传播媒介

▌ 命题设计1

尝试理解本章介绍的时尚发展整体趋势与服装流行发展的基本规律,基于所选择区域时尚文化、产业、市场特点等,在区域范围内拟定品牌消费者进行综合研究,分析视角包括区域文化、人口、社会、技术、经济、政治因素(CDSTEP分析)等,对目标消费者所在区域的时尚整体趋势与时尚消费群体特征进行逐一分析,并完成1到2张服装流行趋势发展整体概念图的设计。

第二章

服装流行演变与再现

第一节　近现代西方服装流行演变与当代设计再现

通过对各个历史时期的时尚与艺术设计思潮、时尚现象与流行样式、时尚经典样式与设计再现分析，探讨设计思潮、时尚现象出现与再现的对应关系。经典时尚样式与流行的再现往往映射时代精神演变与设计思潮的回归。厘清时尚流行趋势发展的轨迹与历史必然，为探寻时尚流行趋势发展方向及趋势预测提供案例与方法。

一、1837年至20世纪初——"日不落帝国"的宫廷时尚

1. "日不落帝国"与S形女装、羊腿袖的流行

图 2-1-1　20 世纪早期英国女性服饰

19世纪是一个兼顾正式场合和流行时尚的时代。当时的时尚审美倾向于丰胸细腰的S形身材。女性身体被紧身衣强行勒成S形，以创造一个丰胸肥臀的成熟女性廓形。如图2-1-1。

20世纪初的英国被称为爱德华时代（Edwardian Era），爱德华是当时英国潮流精英的领袖。爱德华时代早期，男装的廓形以矩形为主，不再强调腰围线，男性多以晨衣、条纹长裤和大礼帽作为正式服装。而在时代发展过程中，男装廓形逐渐变得更为宽松，花呢夹克和条纹西装成为男性日常休闲穿着的一部分，为了适应如骑自行车类的活动，短裤也开始流行。

1837—1901年英国维多利亚女王在位期间，被称为维多利亚时代（Victoria Period）。在维多利亚女王的统治下，英国的文学、艺术、科学昌盛，经济发展到顶峰，英国女王的生活方式（如英国贵族的下午茶）也开始成为英国人民追逐仿效的对象，女王的穿着搭配受到了当时英国女性的争相模仿。这一时期英国制造了大量华丽的服装和首饰，受到上流社会和中产阶级女性的追捧。从宫廷流传出来的设计，在民间会形成火热的潮流风尚，如羊腿袖的出现，在当时引发了极大反响，是这个时代的代表款式。如图2-1-2。

维多利亚时代女性的服饰特点是大量运用蕾丝、细纱、荷叶边、缎带、蝴蝶结、多层次的蛋糕裁剪、折皱、抽褶等元素，流行立领、高腰、公主袖、羊腿袖等宫廷款式。这一时期的女性强调胸腰

图 2-1-2 维多利亚时代女性服装款式细节——羊腿袖

差,偏爱沙漏型(Hourglass Shape)廓形的身材,女性的行动因裙撑、紧身胸衣、裙箍而受到限制。如图 2-1-3。

图 2-1-3 维多利亚时代的女性典型着装

相较女性服装,男性服装非常正式,延续了英国传统的保守趋势。男性在白天穿西装,晚上则是燕尾服和大衣。此外,英国男士惯用手杖、礼帽、德比鞋和怀表。如图 2-1-4。

图 2-1-4 维多利亚时代的男性典型着装

2. 维多利亚女王时代的时尚经典样式与设计再现

维多利亚女王时代的时尚经典样式以奢华的装饰和丰乳、细腰、肥臀为特征,这一特征被法国设计师查尔斯·弗德里克·沃斯以及后来的克利斯汀·拉夸运用于设计实践中。克利斯汀·拉夸在 1999 年的设计中再现了查尔斯·弗德里克·沃斯在 18 世纪 70 年代设计的"巴斯尔"样式中的经典设计元素。

(1) 查尔斯·弗德里克·沃斯的经典设计

查尔斯·弗德里克·沃斯是 19 世纪重要的服装设计师,他偏爱昂贵的面料和奢华的装饰,强调面料的立体感。他的设计要素体现在衣身装饰精致的褶边、蝴蝶结、花边和垂挂金饰等地方。他采用拼接手法集合不同性质和光洁度的面料进行创作,将 19 世纪中叶盛行的低腰线抬高,加长裙身来调整女性身材比例,改变了当时鸟笼式裙装的笨拙造型,掀起了优雅的"沃斯时代"风。

19 世纪 70 年代后,受推崇哥特风格和中世纪风格的工艺美术运动影响,沃斯的服装设计作品有意隆起臀部,具有俏皮感的巴斯尔(Bustle)样式成为当时盛行的风格。巴斯尔风格裙装用紧身胸衣将胸部托起,收紧腹部突出臀部,强调"前挺后翘"的外形特征,抛弃了 20 世纪 60 年代盛行的笨重金字塔型裙箍,将其缩小为塑造局部,后期裙箍逐渐变小,整个服装造型更加简洁温和,同时也减轻女性穿着的负担。如图 2-1-5。

图 2-1-5　巴斯尔式服装

(2) 克里斯汀·拉夸的当代设计再现

克利斯汀·拉夸(Christian Lacroix,1951 至今)是 20 世纪 70 年代法国著名的时装设计师,他用色斑斓瑰丽,被誉为时装界的"调色大师"。他设计的淡紫色和金黄色的缎质长裙,在款式上汲取了巴斯尔风格中经典的紧身胸衣和羊腿袖元素,奢华浪漫,富有宫廷气息。繁华绚烂的设计、异域风情的搭配、油画般的配色,不同风格的碰撞显示出他深厚的艺术功力和娴熟的驾驭技巧。1988 年,他推出了第一个时装秀,其华丽精致的时装在当时引起了强烈反响。1999 年,在巴黎时装周上,他的晚礼服再次引起了极大的关注。如图 2-1-6。

3. 20 世纪初的时尚经典样式与设计再现

20 世纪初的经典样式以独特的褶皱面料和修身优雅为特征,这一特征被运用于意大利设计师玛利亚诺·佛图尼和后来的日本设计师三宅一生的设计实践中。三宅一生在 1992 年 "佛图尼" 的设计中,再现了佛图尼于 1907 年 "迪佛斯晚装" 中的经典设计元素。

(1) 玛利亚诺·佛图尼的经典设计

玛利亚诺·佛图尼(Mariano Fortuny,1871—1949)从小便对绘画和纺织物感兴趣。其设计风格韵味隽永,在服装史上占有独特的地位。

佛图尼信奉以技术和原材料为核心的创作理念,他在家建立了一个研究纺织品的工作室,钻研独特的染印配料和技法,并结合南美、日本等地的传统织物和印花技术,制成极具古朴质感的面料。1907 年,佛图尼开创了现代褶皱压制技术,以希腊服饰为灵感设计出经典的丝绸褶裥"迪

图 2-1-6　克利斯汀·拉夸时装画与 1988、1999 年秀场图

佛斯晚装"。"迪佛斯晚装"是一件修身的正式服装,运用古埃及丘尼克的连续型褶纹的服装面料工艺,以实现便于人体活动的伸缩性。"迪佛斯晚装"没有尺码限制,由于面料百褶肌理的处理,穿在不同体型的人身上都会呈现出修身优雅的美感。其侧边镶有威尼斯工匠吹制的玻璃珠,能够增强垂坠感。褶裥的处理使服装可以随意折叠、方便收纳,直接放在一个小盒子里卷起来也不必担心压出褶皱。如图 2-1-7。

图 2-1-7　佛图尼"迪佛斯晚装"

(2) 三宅一生的当代设计再现

1938 年，三宅一生（Issey Miyake，1938 至今）出生在日本，于 1971 年发布他的第一次时装展示后便一举成名。欧洲服装设计的传统向来强调感官刺激，追求夸张的人体线条，丰胸、束腰、凸臀，不注重服装的功能性，而三宅一生则突破西方设计思想，从东方服饰文化与哲学关照中探求全新的服装功能、装饰与形式之美，并设计出了突破传统、舒畅飘逸、尊重穿着者的个性、使身体得到最大自由的服装。

三宅一生从佛图尼的设计中找到了自己设计的定位，1992 年前后，三宅一生以此为灵感创作了独属于个人品牌的褶裥面料。比起"迪佛斯晚装"所用的织物，三宅的褶皱面料细密而规则，在保持日式审美的基础上注入了更多的新意和现代感，发挥了褶皱面料在时装造型方面的长处。在服装材料的运用上，三宅一生改变了高级时装及成衣一向平整光洁的定式，以日本宣纸、白棉布、针织棉布、亚麻等材料创造出了各种肌理效果。在造型上，他借鉴东方制衣技术以及立体裁剪技术，开创了服装设计上的解构主义设计风格。如图 2-1-8。

图 2-1-8 三宅一生的"三宅褶皱"服装

▶▶ 二、20 世纪 20 年代——"轻佻女子"

1. 女性意识觉醒与轻佻女子

20 世纪 20 年代，第一次世界大战后的欧洲，劳动力大量缺失。而随着技术的进步，资本主义的劳动结构不再特别地贬低和排斥女性劳动力，女性更多地参与劳动。为了工作便利，女装的设计开始加入功能性的考量。

由于劳动权利的提升，妇女开始争取平等，希望在更多领域展现自己。20世纪20年代，美国宪法第十九修正案赋予了妇女投票权。新女性以自由、不羁和享乐为时尚，"轻佻女子"是这个时代专门赋予抽烟、喝酒及会跳查尔斯顿和狐步舞的年轻女孩的绰号。

这个时期，女性的第二性征——胸部，被刻意压平，纤腰放松，腰线的位置下移到臀围线附近，丰满的臀部束紧后变得细瘦小巧，头发剪短与男子长度相同，裙子越来越短，整个外形呈现为"管子状"（Tubular Style）。时髦女郎穿着通常有流苏和珠子装饰的无袖衬衫，她们会留"波波头"（Bob）发型，即一种非常短的、极具男孩子气的发型。在短发流行的同时，钟形女帽（Cloche Hat）诞生，女性把短发藏在帽子里。妆容方面，首选明亮的胭脂和红色的口红，眉毛深浅以淡眉为主，饰品方面会搭配耳环、长珠、项链、手镯等。如图2-1-9。

图2-1-9 20世纪20年代女性着装

相比之下，男性仍旧保持着传统。男子穿着背心、夹克以及套装裤子（亚麻布或绒布），凸显腰的单双排扣宽翻领西服，俗称"牛津包"的宽腿裤，领饰为领带、领结和领巾，油头、不留须，巴拿马帽、运动帽以及爵士帽随处可见。随着体育活动的增加，分体式泳衣和运动衣，也包括毛衣、网球服等变得流行。

2. 20世纪20年代的时尚偶像与设计师

20世纪20年代，巴黎高级时装业迎来了鼎盛期，涌现了一批优秀的高级时装设计师。战争期间，为了行动方便，女性也曾像男子一样穿上了裤装。随着女子体育运动热潮的兴起，简·帕图（Jean Patou，1887—1936）为女性创造了运动风造型。游泳作为体育运动项目之一，海滩服和泳装得以进一步现代化,尽管款式十分保守,但造型已经基本与现代不相上下。同时,简·帕图也是第一个以自己姓名首字母设计品牌标识的设计师。如图 2-1-10。

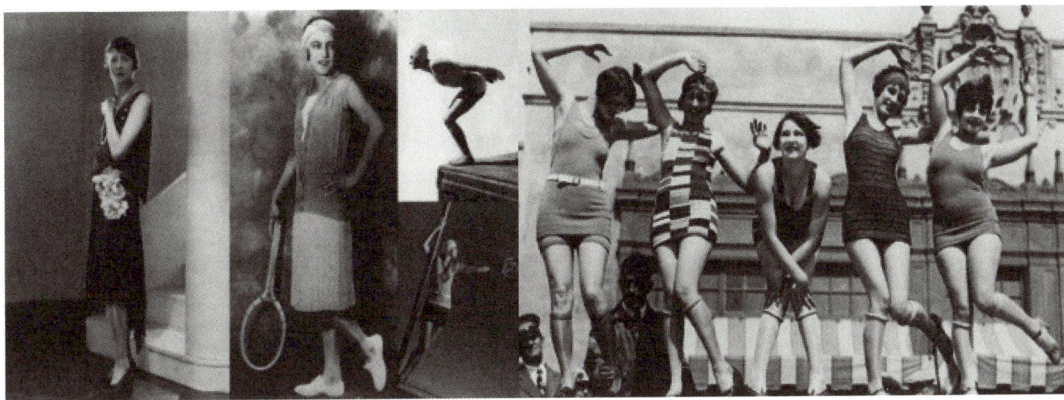

图 2-1-10 简·帕图的设计与带有品牌标识的服装

3. 20 世纪 20 年代的时尚经典样式与设计再现

20 世纪 20 年代的经典样式以优美简洁、注重实用性为特征,这一特征被法国设计师香奈儿和后来的纪梵希运用于设计实践中,纪梵希在 1961 年的小黑裙设计中再现了 1926 年香奈儿小黑裙中的经典设计元素。

(1) 嘉柏丽尔·香奈儿的经典设计

嘉柏丽尔·香奈儿(Gabrielle Chanel,1882—1971)出生于法国索缪,从小在修道院长大的经历成了香奈儿后来设计的主要灵感来源与素材。成年后,她离开修道院,创立了香奈儿高级时装屋。

第一次世界大战结束后,女性独立意识兴起,香奈儿顺应社会思想的变化,以化繁为简的设计满足了当时西方女性青睐便捷的着装诉求。在面料和廓形方面,她将当时仅用于男性内衣的毛针织物面料应用于女装,设计了一系列适应女性运动、工作的舒适套装,以 H 型、廓形取代 S 型。在技术方面,她借鉴了男装缝制技巧,采用了区别于以往女装制作的工艺技术。当时的时髦样式之一就是于 1926 年推出的香奈儿小黑裙(The Little Black Dress)。如图 2-1-11。

香奈儿小黑裙是一件剪裁简易的黑色连衣裙,它一度被认为是女性衣橱的必备品。由于款式与颜色的单一,它可以根据不同的场合进行搭配,既可以用于日常的商务穿着,也可以搭配珠宝首饰用于晚会或舞会等正式场合。由于兼顾了经济与美观,它也适用于各个社会阶层的女性穿着,所以即便在经济大萧条时期,香奈儿小黑裙也备受欢迎。

图 2-1-11 香奈儿小黑裙

(2) 休伯特·德·纪梵希的当代设计再现

休伯特·德·纪梵希（Hubert de Givenchy，1927—2018）出生于巴黎一个贵族家庭，他沉迷服装设计，以其巧夺天工的服装作品享誉巴黎。纪梵希于 1952 年在法国蒙索平原创立纪梵希工作室并展示了第一个高级女装系列"非配套女装"（Les Séparables）。两年后他又在巴黎推出了"纪梵希大学"（Givenchy University）高级成衣系列，成为当时备受瞩目的高级时装品牌。纪梵希以华贵优美、简洁典雅的风格享誉时尚界。如图 2-1-12。

图 2-1-12 纪梵希小黑裙

纪梵希小黑裙是纪梵希于1961年推出的作品,这是一件由意大利绸缎制成的无袖的落地式礼服,后身饰有紧身胸衣,独特的镂空设计,裙摆略微聚集在腰部,一侧裙摆开至大腿,在腰带上标记纪梵希(Givenchy)。这条裙子被认为是20世纪电影史上最具标志性的服饰之一。

三、20 世纪 30 年代——斜裁长裙

1. 经济萧条与斜裁长裙

20世纪30年代至40年代初的晚礼服是时尚和优雅的。20世纪30年代掀起的现代主义艺术风潮,使得服装设计也在一定程度上受其影响,无论是日常服装,还是晚会礼服,款式变得更为简洁,廓形变得更为流畅。20世纪30年代,裙子变长了,腰线回到自然位置。此时期的晚礼服中出现了大胆裸露背的形式,称作露背装(Bare back),即在服装背部开出深深的V字形衣领,并装饰着荷叶边,整体华美优雅。因此,20世纪30年代的设计重点由20世纪20年代的腿部变化一度转移到背部,这是经济衰退和社会动荡因素驱动下的服装表现。如图2-1-13。

在美国经济大萧条期间,女性在白天穿着保守的套装或用回收布料制成的附有简单花卉或几何图案的淑女服装。其服装廓形是纤细的,强调自然的腰线。而晚上,女性则穿上长裙,搭配尼龙袜。服装的流行色多为黑色、灰色、棕色、蓝色和绿色,以反映当时人们面对经济状况不佳的忧郁心情。女性试图通过美发产品使自己获得愉悦,她们会去美发沙龙做卷发,或者用烫发器烫出深波浪。男性服装变得更紧身,更贴近身体线条。男士经常穿三件套服装——露肩西装、高腰裤、大衣,再搭配爵士帽,并且专门设计了冬季适穿的毛背心。如图2-1-14。

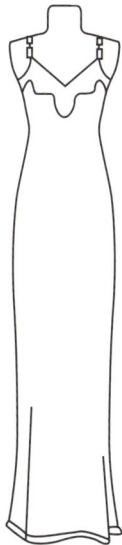

图 2-1-13　20 世纪
30 年代的典型着装样式

图 2-1-14　20 世纪 30 年代女性造型

2. 20 世纪 30 年代的时尚偶像与设计师

法国设计师马德琳·维奥内(Madeleine Vionnet,1876—1975)是这一时期最具代表性的设计师之一,也是 20 世纪初服装变革的先驱之一。她率先废除了女子的紧身胸衣,强调女性自然身体曲线,反对通过紧身胸衣塑造身体轮廓的方式。维奥内享有"裁缝师傅里的建筑师"的称号,她通过斜裁手法剪裁的裙子能够呈现出更加自由、飘逸的空间感,从而增强了自然曲线的柔美。维奥内设计的服装款式看似简约,但却关注到了每一个细节。她擅长材料的运用与披挂的创新,其作品被认为是艺术品。凭借对图案裁剪与面料特性的专业把控,维奥内也成为时尚领域重要的奠基人。

3. 20 世纪 30 年代的时尚经典样式与设计再现

(1) 20 世纪 30 年代的时尚经典设计

相对于传统的二维设计图纸,法国设计师马德琳·维奥内则是直接在按比例缩小的人体模特上进行设计工作和面料裁剪,这是维奥内开创的斜裁制作工艺。斜裁法的独特之处,与其说是一种款式,不如说是造就了一种崭新的女装结构。斜裁法是采用 45 度对角裁剪的方式,最大限度地发掘面料的伸缩性和柔韧性,更适合人体运动。并利用自然垂坠使衣服仿佛身体的第二层肌肤般服帖轻盈,勾勒出女性曼妙的体态。如图 2-1-15,图 2-1-16。

(2) 唐纳·卡兰的当代设计再现

唐纳·卡兰(Donna Karan,1948 至今)是纽约唐纳·卡兰公司以及唐可娜儿(DKNY)服装品牌的创始人。1988 年,唐纳·卡兰推出了革命性的"简洁七件"理念,分别是:连裤紧身衣、肤色丝袜、连衣裙、半截裙、衬衫、外套、西装裤,理念对应了 20 世纪 30 年代的流行样式,女人可以用这七件基础单品应对任何场合的着装需要。

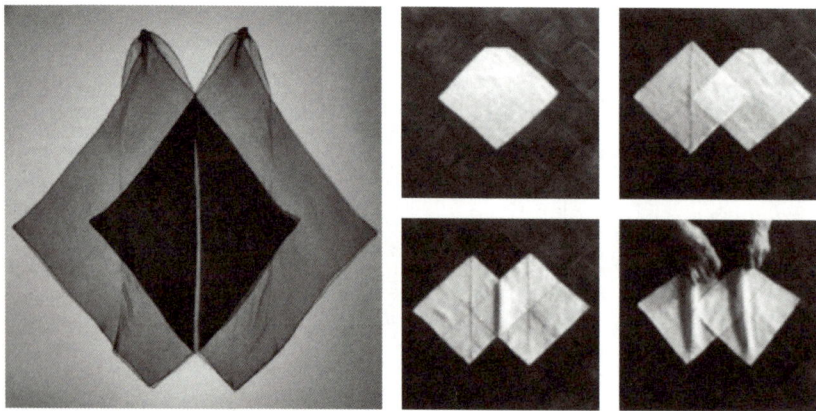

图 2-1-15　马德琳·维奥内斜裁法

图 2-1-16　马德琳·维奥内的斜裁长裙

　　20 世纪 80 年代是一个"为成功而穿"的年代,随着经济的快速发展,服装与职业呈现出千丝万缕的联系,穿着职业服装在整个社会蔚然成风。但日复一日,人们难免对一成不变的套装感到审美疲乏,期待创新的设计。在这种背景下,唐纳·卡兰脱颖而出。基于对女性需求的直觉性理解,她把考究的套装重新设计,使之既适合上班族,又具有个性表现。同时,剪裁具有雕塑感是她设计的独到之处。她常以黑色为主色调来设计,黑色诠释了她对于纽约城市生活的理解和感悟,与她要创造出既朴实无华又高贵优雅的高级时装的初衷相吻合。

　　唐纳·卡兰的服装受女性欢迎的原因是,它们能够衬托女性的体形。2010 年秋冬时装系列推出的这件黄色长裙,亮点是用真丝汗布制成的垂褶效果,深 V 字褶皱领,褶皱从胸前自然垂至地面,很好地修饰了女性身体曲线。如图 2-1-17。

图 2-1-17　唐纳·卡兰
2010 年系列长裙

四、20世纪40年代——军装风格

1. 第二次世界大战与军装风格

第二次世界大战期间,各国物资绝大部分供应给了战争前线,原来的服饰产业也开始生产战争所需装备,各国物资呈现短缺状况,服装成为限量供给商品,款式、面料等方面都大受波及,这在西方国家出台的许多政策中有所体现,如英国在样式上提出"标准化实用服装",其政府在战争时期颁布的政策也是以节省布料为主要目的,要求工商业界为人民制作服装时,兼顾时尚感与实用性。德国对服装长度、褶皱多少及服饰配件的大小等都有详细规定,甚至禁止女性佩戴首饰、化妆、穿皮革制品的服装,还出台了节省原料、旧物回收、旧衣改造等相关制度。美国虽然没有太多地参与战争,但出于贸易考虑,美国政府的政策明令禁止一切装饰性的、不实用的设计,规定了服装造型、用料和生产时间等,并对裙长、下摆宽度、袖口宽度、口袋等都严格规定,日用服饰品款式特征呈短、窄、小的趋势,面料方面多采用棉布、人造丝等军装所需面料。

第二次世界大战时,为了鼓励参军,社会推崇穿军装的男性形象,女装也吸纳了军装的部分特点。同时由于战争需要,女性会从事护士、接线员等职业,男性军装的诸多元素被引入女装设计,如拉链、铜扣、大口袋、宽肩设计、硬朗廓形、硬挺面料等,这种传统男装设计元素促进了女性主体意识的进一步觉醒。由此,战时以军装风格为代表的制服化、功能化服装风靡于以美国为代表的西方国家。如图2-1-18。

图2-1-18 1942-1945年战时女装

2. 20 世纪 40 年代的时尚偶像与设计师

克莱尔·麦卡德尔(Claire McCardell,1905—1958)是 20 世纪最具影响力的设计师之一,她的设计以功能性服装为主,具有简洁、实用、舒适、富有运动感等特征,且易于批量生产。由于第二次世界大战后服装的实用性和舒适性逐步被重视,她简洁舒适的设计风格大受追捧。

克莱尔·麦卡德尔被称为"美国运动服装之母",受男装设计的启发,她在选用面料的环节着重突破女装设计的桎梏,将男装工作服上的常用布料,如牛仔布、羊毛呢绒、胚布等用在女装设计上。因战争原因,她采用了极简的设计创作思路,作品主要以衬衫、连衣裙、羊毛平纹针织外套、泳装以及腰带等实用且休闲的服饰品为主,她的运动风服饰掀起了一场美国的时尚风潮。

克莱尔·麦卡德尔常常根据消费者身材制作腰部可调节的系带,以及采用工作服中的常用五金挂扣等金属配件,将扣子排列为各种样式,以对称或斜线排列的不对称金属纽扣,衬托不同消费者的性格。她的设计中也常将布料自由垂坠或进行斜裁设计以突出身体比例,她兼具审美的设计影响深远。她的标志性设计有以下几种:1934 年的可替换衣服(一种组合式的配件,服饰分为五部分,可根据着装者的心意随意调整搭配);1937 年的汤利泳衣(Townley Frocks,一种挂脖式设计的连体泳衣,颈部以绳带系合);1938 年的"修道服"(Monastic Dress);1942 年的蓝色工装裤;1942 年的"酥饼"礼服;1943 年的 Diaper 泳衣;1944 年的七分裤;1945 年的花布海滩短裙;1948 年的百褶裙等。如图 2-1-19。

20 世纪 40 年代,男装受战争的影响,出现了军装风格的服饰,包括海员扣领短上衣和双排扣海员装。女性或穿着护士装、工装支援前线,或穿着背带裤等休闲服代替男性在工厂工作,这

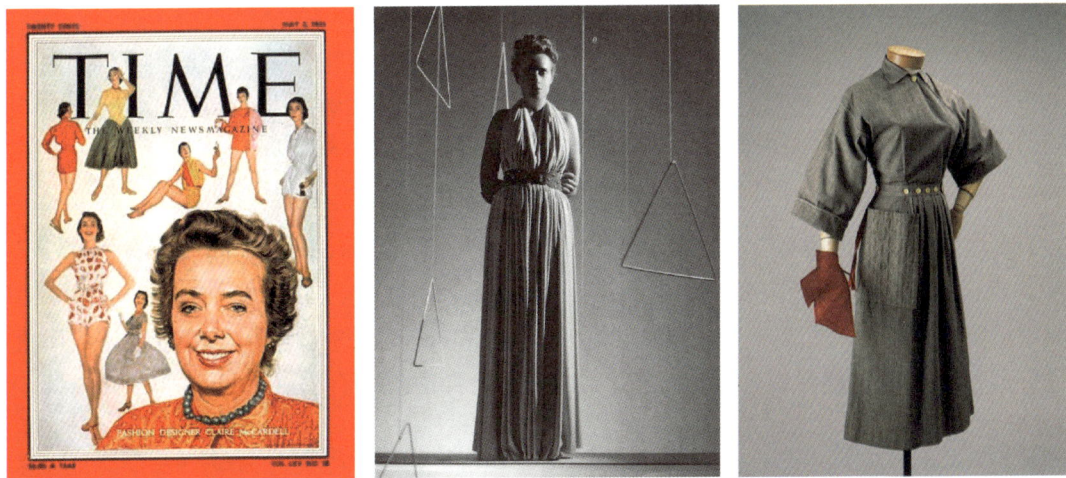

图 2-1-19　麦卡德尔登上美国《TIME》封面,1938 年"修道服"和 1942 年"酥饼"礼服

为女性在公开场合穿裤装打下了基础。为防止头发缠入运转的机器中,女性发髻向后梳,做成包子状并用网格束发网固定。如图 2-1-20。

图 2-1-20 19 世纪 40 年代的服饰品

3. 20 世纪 40 年代的时尚经典样式与设计再现

20 世纪 40 年代的经典样式以面料和装饰性的创新为特征,这一特征被运用于意大利设计师艾尔莎·夏帕瑞丽和后来的意大利设计师缪西娅·普拉达的设计实践中。缪西娅·普拉达在2012 年的龙虾裙设计中再现了夏帕·瑞丽在 1937 年的龙虾裙的经典设计元素。

(1) 艾尔莎·夏帕瑞丽的经典设计

艾尔莎·夏帕瑞丽(Elsa Schiaparellis,1890—1973)出生于罗马贵族世家,常往来于巴黎与纽约之间。少年时期,夏帕瑞丽对达达主义与超现实运动产生了浓厚兴趣,这奠定了她设计中的艺术基调与美学追求。1927 年,她设计的"蝴蝶结"针织衫让她在法国时装界声名鹊起。夏帕瑞丽的作品吸引了法国与美国上流阶层与新兴资产阶级女性群体,满足了她们对奢华的渴望以及求变的心理。

艾尔莎·夏帕瑞丽酷爱与艺术家们合作,她与萨尔瓦多·达利(Salvador Dalí,1904—1989)于1937 年合作设计的龙虾印花裙(The Lobsrer Dress)最为瞩目。他们将原本与时装不搭边的厨房食材运用到时装设计上,这一举动本身就是极富争议和颠覆性的时尚。除了达利极具叛逆性的龙虾形象,夏帕瑞丽的完美剪裁,以及温莎伯爵夫人身穿这条裙子与温莎公爵拍摄的婚纱照,让"龙虾裙"名声大震。如图 2-1-21。

图 2-1-21　夏帕瑞丽的"龙虾裙"与温莎公爵夫人身着"龙虾裙"

此外，夏帕瑞丽提倡"强调女人的肩部，恢复胸部，将腰部恢复到原来的位置上"。这种观念使她设计出了方正的加厚垫肩款式的大衣和西服。她对服装造型线条非常重视，认为服饰设计应该呼应建筑的物理结构，具有"空间感"与"立体感"，她于 1938 年设计了"柱式裙装"（Column Dress）。此外，夏帕瑞丽还专注于面料创新，开发的人造丝绉纱是当今使用的具有永久性褶皱的起皱织物的先驱，她开发的罗多芬透明织物以及化纤面料等革新面料在时装上也得到了广泛运用。

(2) 缪西娅·普拉达的当代设计再现

缪西娅·普拉达（Miuccia Prada，1949 年至今）出生于意大利米兰的普拉达（Prada）家族，是家族品牌普拉达创始人马里奥·普拉达（Mario Prada，不详—1958 年）的孙女。20 世纪 70 年代，普拉达受到其他竞争品牌的挑战与压迫，濒临破产，接管普拉达后的缪西娅很快意识到品牌几近被淘汰的原因是过于陈旧的设计，于是她开始为品牌寻求创新与突破。1985 年，缪西娅运用全黑、耐用且细致的尼龙材质代替传统的皮料推出尼龙手袋系列，这种材质上的创新与跨界艺术上的追求成为普拉达品牌的独特风格。

缪西娅十分喜欢夏帕瑞丽，她于 2012 年设计复刻了夏帕瑞丽的经典"龙虾裙"，款式选择上延续了夏帕瑞丽一贯简洁明了的风格，并采用异常精美的顶级串珠绘制了两只龙虾，时任《Vogue》杂志主编的安娜·温图尔（Anna Wintour，1949 年至今）身穿这条龙虾裙参加 2012 年的大都会晚会（the Met Gala）。如图 2-1-22，图 2-1-23。

图 2-1-22　安娜·温图尔
(Anna Wintour)身穿普拉达"龙虾裙"
参加 2012 年大都会晚会红毯

图 2-1-23　(安娜·温图尔)与缪西
娅·普拉达(右)合影

五、20 世纪 50 年代——新风貌

1. 战后重建与新风貌

第二次世界大战结束后,全球文化开始形成新的格局,战后欧洲的经济和社会结构遭到了极大的破坏。由于美国在二战中获益良多,美国经济和人口出生率明显上升,产业部门结构发生了很大变化,工农业劳动生产率不断提高,男人们不再需要上战场,女性不再需要顶替男性的工作,开始回归家庭。服装从军服式女工装转变为显示女性特征的廓形服饰,肩部的设计也不再夸张。如图 2-1-24。

2. 20 世纪 50 年代的时尚偶像与设计师

20 世纪 50 年代,法国巴黎高级时装业迎来了 20 世纪 20 年代以来第二次鼎盛时期。这一时期出现了一大批叱咤风云的设计大师,如 巴 伦·夏 加(Cristóbal Balenciaga Eizaguirre,1895—1972)、皮 埃尔·巴尔曼(Pierre Balmain,1914—1982)、纪梵希(Hubert de Givenchy,1927—2018)等。在法国,迪奥推出了"新风貌"(New Look),以长裙、腰细等时尚特征与工装为主的战时风格形成了鲜明的对比,同时搭配知性优雅的帽子和高跟鞋。"新风貌"颠覆了战时沉闷、毫无女人味

图 2-1-24　20 世纪
50 年代经典款式

的、制服般的女装风格,回归 19 世纪饱满丰盈的时装轮廓,给战后女性带来了新的穿搭方式。如图 2-1-25。

图 2-1-25　迪奥的新风貌

3. 20 世纪 50 年代的时尚经典样式与设计再现

20 世纪 50 年代的经典样式以强调女性化特征为重点,这一特征被运用于法国设计师克里斯汀·迪奥和英国设计师约翰·加利亚诺后来的设计实践中。约翰·加利亚诺在 2008 年秋冬系列的设计中再现了迪奥在 1947 年新风貌中的经典设计元素。

(1) 克里斯汀·迪奥的经典设计

迪奥自 1946 年创始以来,一直是华丽与高雅的代名词。尽管第二次世界大战结束,但服装仍然带有笨拙呆板的战争色彩:军装化平肩裙装、火柴盒式的造型结构、灰色的色调,女性期待更加女性化的服装。迪奥顺应时代需求,设计了以展现女性传统美为主的"新风貌"服装,"新风貌"因迎合了当时女性的审美需求而广泛流行。迪奥以强调胸部、收紧腰部、裙摆张开的花冠型取代了 20 世纪 40 年代功能化和制服化的服装,20 世纪 50 年代推出的"垂直造型"及"郁金香造型"更是迪奥倡导时装女性化这一设计理念的表现,高而细的腰部、服帖的胸部、流畅的线条和华丽的女性化风格与 20 世纪 40 年代男性味十足的宽肩女装形成鲜明对比,"新风貌"的流行也意味着人们的审美和价值观念从男性代表的战争向女性代表的和平转变,战争期间压抑着的对美和形式的追求也通过对"新风貌"的追捧发泄出来。因此"新风貌"也成为迪奥最具代表性的作品之一。如图 2-1-26。

迪奥以圆润平缓的自然肩线替代了战争时期的宽肩，用紧身胸衣和衬裙强调了人体的曲线，同时配以软质帽、细跟高跟鞋、极富女性感的挑眉红唇妆容、波浪齐肩卷发，这些要素共同形成了以"新风貌"为代表的战后时髦女性形象。

(2) 约翰·加利亚诺的当代设计再现

1980 年约翰·加利亚诺（John Galliano，1960 年至今）进入英国中央圣马丁艺术与设计学院，在尝试绘画和建筑学习后，最终选择了时装设计。1997 年，迪奥面临巨大的生存危机，约翰·加利亚诺受命于危难之际，成功地实现了将迪奥品牌年轻化的任务，他颠覆了庸俗和陈规，挽救了转型中的迪奥，"无可救药的浪漫主义大师"之名也从此成为约翰·加利亚诺的专属称谓。

约翰·加利亚诺设计的克里斯汀·迪奥 2008 年秋冬系列，以 20 世纪 50 年代新风貌样式为灵感，有意将迪奥回归到最初的经典和高贵典雅。20 世纪 50 年代是一个经济复苏的时代，而 2008 年却是金融危机的高潮，也许加利亚诺向 20 世纪 50 年代提取灵感也有呼唤经济复苏的意味。如图 2-1-27。

图 2-1-26　迪奥新风貌（New Look）　　图 2-1-27　克里斯汀·迪奥（Christian Dior）2008 秋季发布

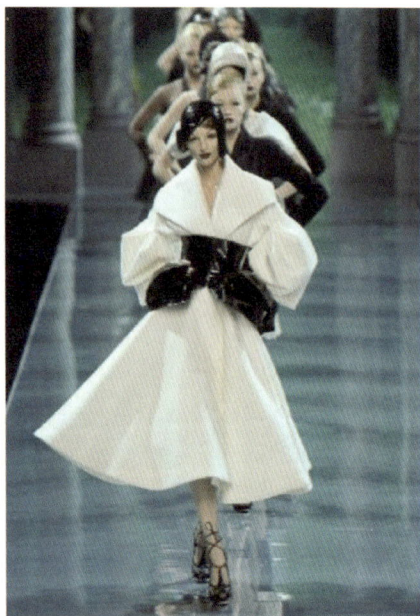

2008 年的约翰·加利亚诺保留了"新风貌"的女性化轮廓，简约经典的配色加上亮眼的腰部造型，领型加大覆盖肩部，夸张的袖型平衡了上半身视觉量感，既吸收了"新风貌"的高雅气质，又保留了约翰·加利亚诺的个人特色。

"新风貌"与迪奥 2008 年秋冬系列相比,两者都诞生于一个复杂变化的年代。不同的是,"新风貌"诞生于一个经济周期的复苏阶段,其后是高速增长的经济,时尚行业也得以迅速发展;而迪奥 2008 年秋冬系列诞生于一个经济周期的萧条阶段,2008 年之后的时尚行业也大受打击。

六、20 世纪 60 年代——年轻化风格

1. 反叛质疑与年轻化风格

第二次世界大战结束后,时尚不再受某个特定的国家占主导地位的影响,世界迎来了一个新的全球文化、政治、经济等互动的时代。从社会环境方面审视,叛逆、革命的思想活跃在青少年群体之中,新的价值观和态度引领社会思潮发生了转变,反战运动、女权运动和黑人民权运动构成了这十年最主要的社会话题。年轻消费者形成了否定传统的反体制思潮的全新价值观,彻底改变了 20 世纪时装流行的方向。东西方服饰文化在这一时期产生了激烈的冲突与融合,民主化、大众化、多样化、国际化服装风格的时代到来了。

第二次世界大战结束后女性开始回归家庭,服装从军服式女装转变为彰显女性特征的廓形,肩部的设计不再夸张。此时代的大伞裙(Swing Skirt)是最具代表性的女性服装,多以绸缎等面料来集中体现华美雍容的女性形象。有大朵花卉、条纹或圆点的连衣裙是 20 世纪 50 年代的经典造型,也启迪了此后十年的波普化服装的设计。

20 世纪五六十年代从根本上改变了未来的时尚方向。人们不再追随社会精英的风格,太空风格的服装开始流行,其显著特征包括以下几个方面,如几何轮廓;富有未来感的合成纤维织物;以金属、硬卡片、塑料组合的材料;或以银和金来塑造金属质感等。

2. 20 世纪 60 年代的设计师与时尚偶像

安德烈·库雷热(André Courrèges,1922—2016)是一位极具影响力的"未来主义"时装风格开创者,他在设计过程中极其关注机械美学,较多地关注服装比例、空间与结构等问题,服装的机能性逐渐增强。1965 年春,他推出了太空装、迷你裙和几何型裙装的样式。他把迷你裙的裙长缩短到膝盖以上 5 厘米处,女性的大腿部分裸露出来,这与传统高级定制裙装的拖地长裙造型相背离。他设计的迷你裙、长筒袜和长筒靴组合成为服装比例的重要组成要素,长筒袜的材质与色彩达成了不同的视觉效果。在迷你裙与长筒袜流行的这个时代,蕾丝、织花、印花等各种各样的面料,以及便于活动的低跟鞋等也随之流行起来。如图 2-1-28,图 2-1-29。

图 2-1-28　1960s 安德烈·库雷热设计的太空装

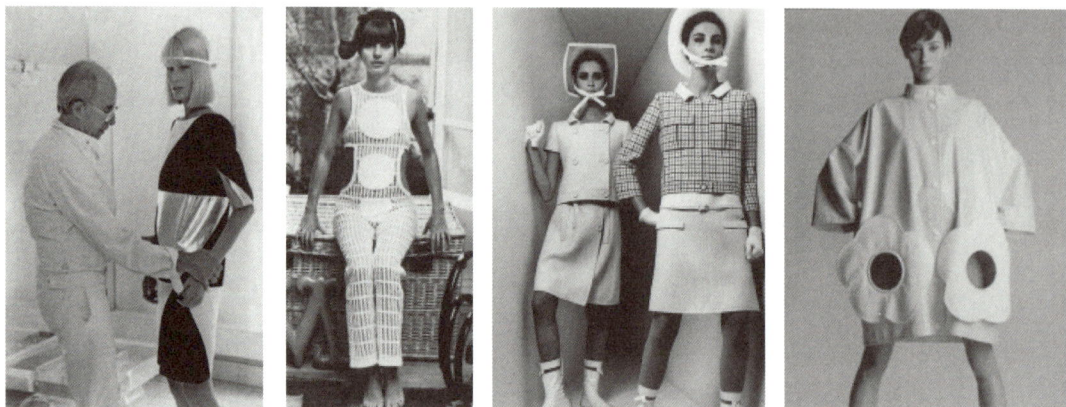

图 2-1-29 1965 年安德烈·库雷热迷你裙与强调几何形与立体效果的设计

库雷热的几何型迷你裙强调服装表面的几何构成,如分割线、色彩拼接、扣子、袋子的配置等。在设计上强调简约、注重服装比例、强调功能性、注重成衣化等,在理念上的设计革新奠定了20世纪后半期服装设计的风格基调。

当时美国的第一夫人杰奎琳·肯尼迪·奥纳西斯(Jacqueline Kennedy Onassis,1927—1994)是 20 世纪 60 年代最具有话题性的时尚偶像之一。她坚持传统流行的美学观念,一身简单的棉质服装,搭配三串珍珠项链,她穿着的服装设计简单,却成为当时的流行风尚。当杰奎琳意识到自己的时尚影响力后,便开始了她的"霓裳外交",在整个 20 世纪 60 年代散发着属于她的独特魅力,并被当时世界上所有顶尖时尚杂志争相报道。如图 2-1-30。

图 2-1-30 美国第一夫人杰奎琳·肯尼迪·奥纳西斯

3. 20世纪60年代的历史经典与当代设计再现

20世纪60年代的经典样式以设计简洁、效果强烈、充满未来主义为特征,这一特征被阿尔及利亚设计师伊夫·圣罗兰以及后来的法国设计师帕高·拉巴纳运用于设计实践中。帕高·拉巴纳2012年春夏系列的设计中再现了1965年"蒙德里安风格"连衣裙中的经典设计元素。

(1) 伊夫·圣罗兰的经典设计

伊夫·圣罗兰(Yves Saint laurent,1936—2008)于1962年独立开店,他设计的宽大裤装和水手装等年轻服装样式备受好评。他于1965年推出经典的"蒙德里安风格"一体裙,在针织的短连衣裙上用黑色线和原色块组合,以简单但强烈的效果赢得了诸多好评,这也是时装与现代艺术直接、巧妙地融为一体的典范。1966年秋冬季发布的吸烟装,至今都是伊夫·圣罗兰服装的代表样式。如图2-1-31。

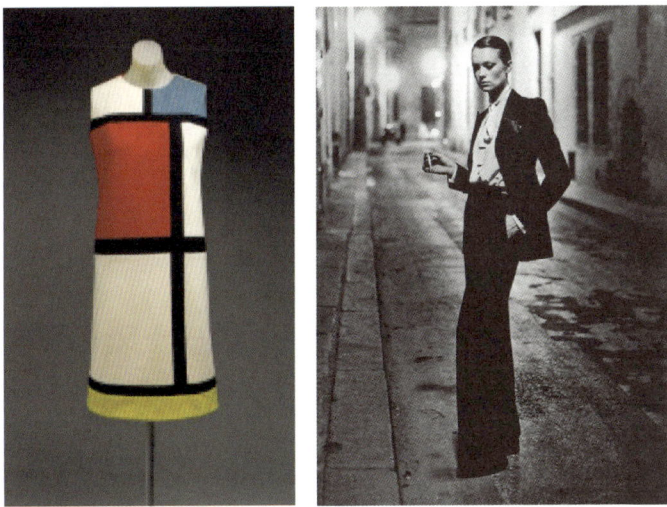

图2-1-31 伊夫·圣罗兰1965年蒙德里安风格与1966年吸烟装

(2) 帕高·拉巴纳的当代设计再现

帕高·拉巴纳是由设计师帕高·拉巴纳(Paco Rabanne,1934至今)于20世纪60年代在法国巴黎创立的同名时装品牌。1966年,拉巴纳推出了具有未来主义特征的"自己动手做"金属拼贴裙(Do-It-Yourself Rhodoid),每块金属圆盘可由穿着者手动调节大小,展现了未来与复古相融合的时装样式。

2011年,帕高·拉巴纳品牌的新任设计总监曼尼什·阿罗拉(Manish Arora)在巴黎时装周帕高·拉巴纳2012春夏系列中,针对以上这款金属拼贴裙首个造型作出了新的诠释。如图2-1-32。

图 2-1-32　帕高·拉巴纳"未来主义"样式 2012 春夏

同时,为了致敬 20 世纪 60 年代太空装浪潮,帕高·拉巴纳品牌这一季度的新系列也极具未来主义风格,运用的设计元素包括飞碟式帽子、沙漏型细腰以及垫肩等。在选材方面,大多为金属纱网、连串塑料片和金属亮片等,打造了光纤般的色泽和纹理细节。

▶▶ 七、20 世纪 70 年代——嬉皮士风格

1. 动荡社会与嬉皮士风格

20 世纪 70 年代是社会动荡的年代,人们在穿着上更加休闲随意,牛仔裤成了现代衣柜里必不可少的服饰,人们继续按照自己的生活方式和审美偏好进行选择,一些时尚追随者首选经典、朋克、嬉皮士、迪斯科的风格。如图 2-1-33。

经典的外观如拉尔夫·劳伦,其风格为老式的英美风格,包括马球衬衫、粗花呢、格子呢和船鞋,品牌增加了适合休闲活动的产品,主要集中在对舒适的生活方式的传达上。合身运动夹克和休闲西装在男人中流行,休闲服包括一条喇叭裤、一件不太结构化的外套和一个开放的衣领;休闲西装的颜色不再是 20 世纪 70 年代之前典型的男装。女装方面,戴安·冯芙丝汀宝推出了"裹身裙",通常用针织面料,腰上系一条细带,成为 20 世纪 70 年代盛行的裙装款式,这件衣服吸引了那些需要时髦而专业的服装的女性工作人员。

2. 20 世纪 70 年代的时尚偶像与设计师

20 世纪 70 年代流行朋克服装,朋克设计可以追溯到设计师维维安·韦斯特伍德(Dame

图 2-1-33　20 世纪 70 年代喇叭裤造型

Vivienne Isabel Westwood,1941 至今)。薇薇安的设计出现了大量的金属挂链、铆钉、别针等朋克元素,奠定了其作品的整体基调。她依靠朋克摇滚的设计风格成为性手枪乐队的造型设计师,紧身裤、磨损的衬衫别着几个安全别针、黑色皮革、钉装饰和链条成为朋克装扮的典型特色。加上鼻环、耳环,铆钉链,鸡冠头或者乱蓬蓬的头发,暗黑的妆容等,使朋克形象更完整。如图 2-1-34。

图 2-1-34　薇薇安设计的涂鸦 T 恤与身穿涂鸦 T 恤的薇薇安·韦斯特伍德

她在早期设计的 T 恤中加入了破洞元素以及刀片、别针等金属饰品，深受摇滚音乐人的欢迎，所以早期的朋克者喜好破洞 T 恤外搭黑色皮夹克，在此之外增加了无袖、破洞、废旧的风格。

在 20 世纪 70 年代，服装向两个极端发展，一是年轻的文化依旧持续流行，嬉皮文化对服饰的影响达到顶峰，在金钱上十分大方的嬉皮士们经常进行海外旅行，嬉皮士们觉得他们从印度带回的披巾，从阿富汗带回的上衣，或是摩洛哥人工作时穿的长袍等，都比旧工业社会时期的服装更富有自然美价值。这些倾向一时间变成一种服饰风尚；二是服装流行趋势开始向极简主义发展，霍尔斯顿（Halston,1932–1990）的简洁设计和斯蒂芬·伯罗斯（Stephen Burrows,1942 至今）大胆撞色的简洁设计都在当时受到追捧。如图 2-1-35。

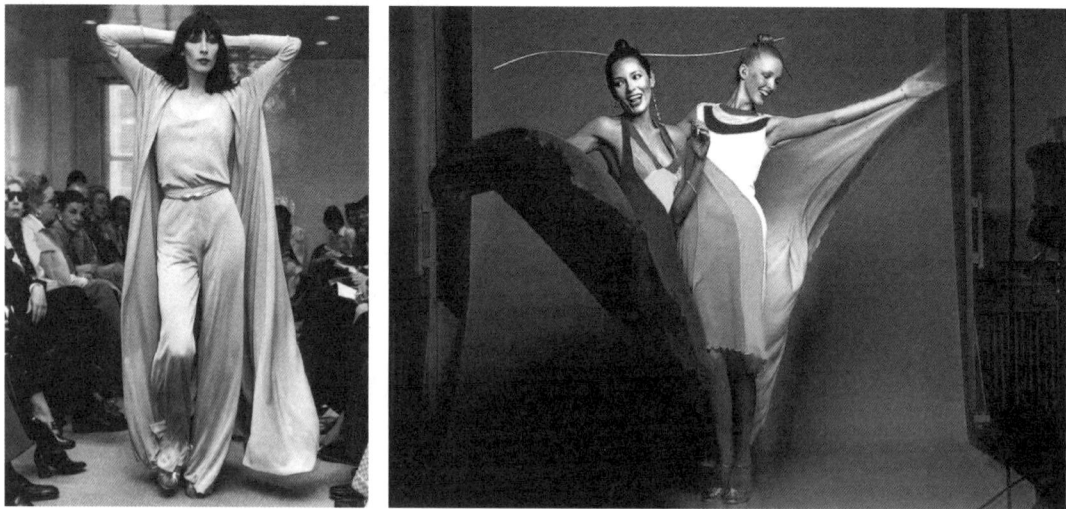

图 2-1-35　霍尔斯顿（Halston）和斯蒂芬·伯罗斯（Stephen Burrows）设计作品

川久保玲（Rei Kawakubo,1942 至今），是日本著名的服装设计师，她在大学时代就对美术产生了浓厚的兴趣。1967 年毕业之后，到一家服装布料公司上班，并于 1973 年成立了自己的服饰品牌，名为 "Comme des Garcons"，法文译为 "像个男孩"。"像个男孩" 的精神内核与她的设计无不在迎合 20 世纪 70 年代末的朋克运动，也就此确定了川久保玲的朋克基调，她坚持从内在精神出发来做设计，而不是满足人们对于有性别区分、浮夸服饰的需求。从美学上说，川久保玲的服饰拒绝服从传统轮廓和曲线造型，而在不规则结构之下蕴含东方的智慧。

川久保玲 2019 年的秀场，展示了披着金属链条、画着浓重眼妆、涂着黑色口红的硬核青年形象。这季川久保玲把哥特朋克风格深深烙印在观者眼中，打破重组的面料、铆钉皮革、镂空网纱、醒目印花等经典朋克元素被完美呈现。川久保玲与薇薇安所处的时代环境不同，尽管都运用朋克元素,最终所传达的设计理念却并不相同,川久保玲意在表达"黑暗中寻找美好"的心愿,对朋克有自己的诠释。川久保玲思维跳脱、设计独创、风格前卫,通过自己的探索与创新,融合东西方的概念,最终寻得属于自己的品牌风格。如图2-1-36。

图2-1-36　"像个男孩"(Comme des Garcons)2008秋冬与2019秋冬秀场

八、20世纪80年代——嘻哈时尚

1. 经济繁荣与嘻哈时尚

20世纪80年代美国积极调整经济政策,经济逐渐好转。20世纪70年代关于财富和消费的欲望在20世纪80年代得到满足,高级时装品牌和设计师品牌成为身份的象征。

20世纪80年代的流行趋势结合了街头时尚和高级时装,尤其受到街头嘻哈(Hip Hop)音乐的影响。嘻哈着装风格的主要特点是印有夸张标识的宽大T恤、拖沓宽松的滑板裤、牛仔裤或者是侧开拉链的运动裤,配件则包括巨大的太阳镜、渔夫帽和刻有名字的项链、腰带等,夸张的戒指必不可少。如今,这些繁重夸张的首饰仍是嘻哈的时尚标志。

2. 20世纪80年代的时尚偶像与设计师

美国发达的市场吸引了欧洲的设计师们。乔治·阿玛尼(Giorgio Armani,1934至今)以其精致的西装和复杂的晚礼服而闻名,克里斯汀·拉克鲁瓦(Christian Lacroix,1951至今)以奢侈和戏剧性的设计风格而闻名,让·保罗·高耶提(Jean Paul Gaultier,1952- 至今)显示了独立、充满前卫和夸张的风格,克洛德·蒙塔那(Claude Montana,1947- 至今)和蒂埃里·穆勒(Thierry Mugler,1948 至今)以非常宽阔的肩膀和纤细的腰部廓形而闻名。

弗兰科·莫斯奇诺(Franco Moschino,1950-1994)是意大利的鬼才设计师,其同名品牌风格充满了戏谑的游戏感与对时尚的幽默讽刺,离经叛道是他最大的标签,他一反米兰优雅的时装风格,曾在 20 世纪 80 年代把优雅的香奈儿套装边缘剪破变成乞丐装,颠覆了大家对于传统时尚的印象。

20 世纪 80 年代,波普艺术仍然是当红的艺术手法,以夸张、吸引眼球的视觉效果受到青年设计师的追捧。莫斯奇诺设计出"眼珠印花"短裙,黑白印花像是"靶心"一样,图案对称并且黑白格子搭配,给人强烈的视觉效果,这种"正中靶心"的印花设计使品牌脱颖而出,莫斯奇诺成为当仁不让的波普艺术家,"红心"成为当时的潮流风尚,并成为品牌的标志性图案。这种设计手法冲击了当时西方女性一向追求优雅实穿的传统审美方式,莫斯奇诺的"红心""反战标志""黄色笑脸"等街头时尚图案影响至今。如图 2-1-37。

图 2-1-37   莫斯奇诺"靶心"短裙

日本设计师在 20 世纪 80 年代也挤入了时尚舞台。川久保玲、三宅一生、山本耀司创作出了与西方时尚完全不同的设计,在非典型的廓形中设计出与身体相连的服装。无色、无形和解构的方式让日本的流行艺术被世界所注意。

20 世纪 80 年代,歌手麦当娜(Madonna,1958 至今)影响着潮流的发展,1984 年麦当娜发行第二张个人唱片取得极大的成功,并举办巡回演唱会。她穿着大胆,服装款式极为短小,衬衣像内衣与胸衣的混合,戴着宗教性很强的首饰,头发是大胆的染色,当时万千女性都模仿她的这种打扮和穿着。如图 2-1-38。

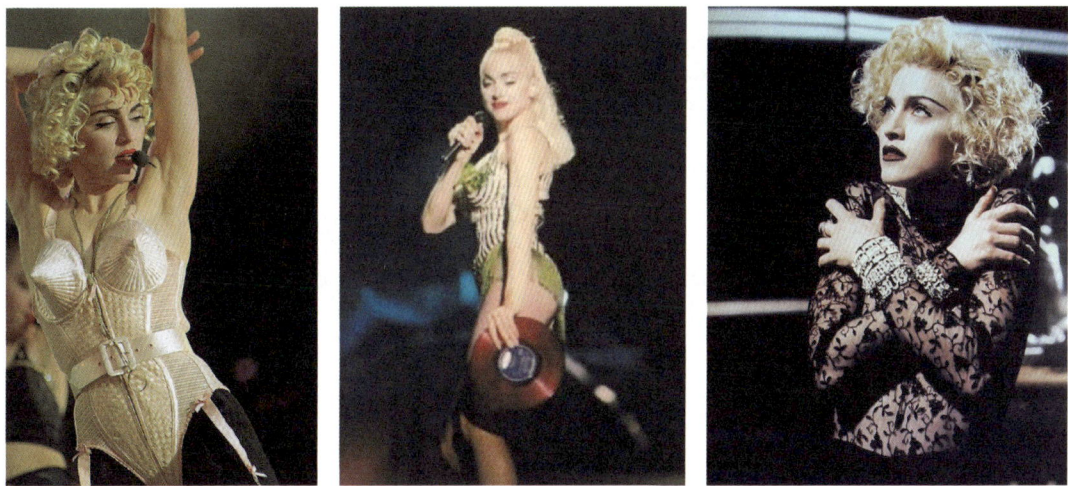

图 2-1-38   麦当娜的造型在当时被万千女性模仿

第二节   近现代中国服装流行演变与当代再现

一、承前启后的清宫风尚

清代是中国历史上第二个少数民族政权,其服饰制度带有强烈的满族特征。满清入关后,清政府颁布了"剃发令",实行"留头不留发,留发不留头"的高压政策,强制全国各民族人民改剃满族发型,同时颁布"易服令",要求民众改换满族服饰。经过长期的教化与统治,清朝形成了稳定的服饰文化。但在与汉族相处的过程中,汉族文化也影响了满族,所以在后期形成了满汉融合的服饰面貌。

强制性的剃发易服加剧了满汉之间的民族矛盾,触发了多地的抗清斗争。由于各族人民的强烈抗争,"剃发令"变通为"十从十不从"制度,其中有"老从少不从,男从女不从",故汉族妇女儿童依然保留汉族传统服饰。

男子服饰方面,清朝终止了汉族冠冕制度,以满族的长袍马褂取代了汉族的宽袍大袖。因适合骑射,故名马褂,清代官员赵翼《陔馀丛考》有"马褂,马上所服也"的记载。由于长袍马褂行动方便,所以传到民间,不论性别阶层,都以其作为礼服。窄袖长袍多开衩,皇族宗室开四衩,以开衩为贵。开衩之袍,又叫"箭衣",袖口装有箭袖,形似马蹄,俗称"马蹄袖"。清礼服无领,故另加有硬质领衣,俗称"牛舌头"。还有形似菱角、绣以纹彩的披肩,谓"披领"。清帝和百官沿用补服为朝服,又叫章服或公服,缀有金线彩丝绣织成的图像"补子",文官绣禽,武官绣兽,补子比明朝时略小,皇室成员用圆形补子,各品官员用方形补子。服装之外还以朝珠、腰带及腰间杂配为饰物。如图 2-2-1,图 2-2-2。

图 2-2-2 　清代庆亲王、洵贝勒官服

汉族女性在清初保持明代旧制,比较常见的有褙子、比甲等。褙子起源于宋朝,直领对襟、长袖,两侧开衩至腋下,外形修长。比甲则是明式,无袖,对襟,两侧开衩长背心,常穿在衬袄外。清中后期,汉服逐渐消失,取而代之的是融合大量满族元素的新式服装,其多为上衣下裳(或下裤),上身穿袄、单衣或纱质的称为衫。多以右衽大襟,长度及膝或过膝,衣袖宽大,左右开衩。书香门第之家多穿马面裙,马面裙系在上衣内,前面无褶,称作"马面",常以各种花鸟鱼虫吉祥图案的纹绣装饰。洒脚长裤是清末女装常见的样式,其裤口宽大,腰间系扎色彩长汗巾作为装饰。清朝服饰无论是上衣还是下衣,均有多重镶滚和精细刺绣。到清末,衣缘越来越宽,花边镶滚也越来越多。

满族女性穿本民族的长袍,称为旗装。旗装衣袖比汉服更窄,发展至清末袖口变得平且宽大。

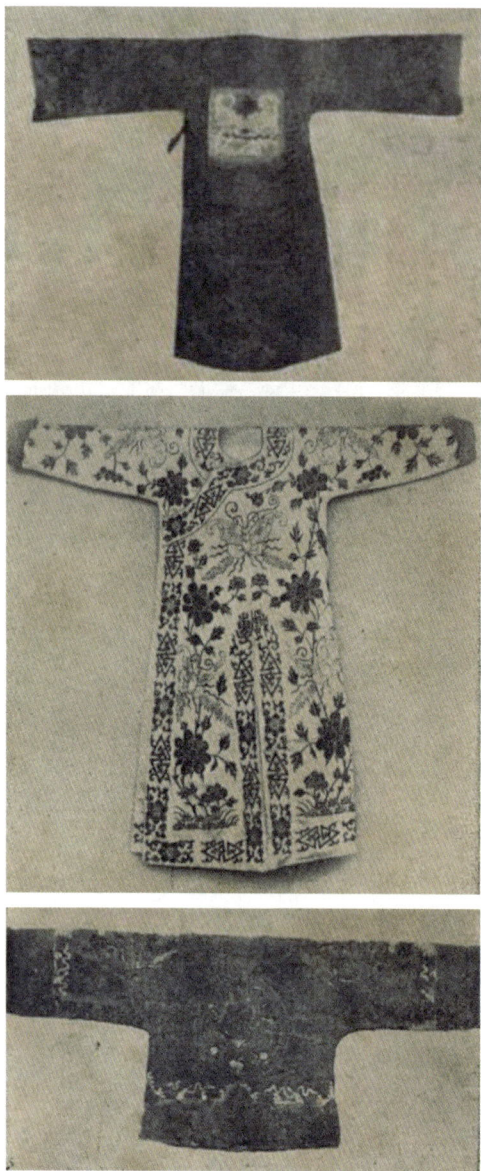

图 2-2-1 　清代官衣、箭衣、马褂

领口、衣襟及袖端多有镶滚、刺绣、花边等,相当华丽。满族女性通常在袍服外穿马甲,主要是琵琶襟、大襟以及后期穿戴一字襟的巴图鲁坎肩等。女性所穿马甲面料色彩丰富,镶滚刺绣等装饰更多。另外,满族女性最有特色的是"头、脚"装饰:满族女性梳两把头,其上装饰扁方,并通常饰以大绒花,到晚清则发展为更为繁复的"大拉翘",此类头饰称为"旗头"。满族女性不缠足,脚上穿花盆底鞋或马蹄底木质高底缎面绣花鞋。如图 2-2-3[①]。

---

① 《庆亲王世嗣妃殿下照片》[N].妇女时报:有正书局发行,1911(3).

随着清政府统治地位愈加稳固,汉族女性对满族服饰的排斥心理下降,满族也从汉服中吸取元素,造成了满汉两族女性服饰的融合,形成了清朝中后期女装融合互补的风尚。

综上所述,清代女性服饰的变化并不是由国家政策主导的,而是在清政府长期倡导的意识形态下潜移默化自主改变的。满汉两族在保持各自服饰样式的基础上兼收并蓄了各自的有益之处,到清末,满人着汉服或汉人着满服已是正常现象。由于经济的发展和工艺技术的提高,汉服和旗服的装饰都越来越繁复,汉服逐渐失去了原本朴素淡雅的特点。

图 2-2-3　庆亲王世嗣妃殿下

清末,西方列强用坚船利炮打开了清朝的大门,清朝的经济、政治、文化、宗教都受到了极大的冲击。但清政府奉行"祖宗之法不可变",拒绝舶来文化,所以发式与服饰依然保持。但随着辛亥革命爆发,清王朝覆灭,新思想、新生活方式的传播突破了制度的桎梏,西式服饰开始盛行。此时清末的满汉服饰起到了承上启下的作用。

以夏姿·陈的当代设计再现为例。夏姿·陈 1978 年创建于中国台北,品牌名"夏姿"取"华夏之姿"之意,设计师希望通过艺术创作发扬中国传统服饰的优势,形成中国新时代的时尚风格。夏姿·陈对服装工艺要求严格,从面料质感与光泽,到纹样、纺织、色彩、结构,都秉持传承东方文化的初心。夏姿·陈坚持中国文化的人文关怀,既保持传统的审美品位,又保持对时尚的敏感,是传统文化与不断发展的服饰艺术的结合。

夏姿·陈 2011 年秋冬"锦繁"系列,以 20 世纪初时尚演变为主轴,不落窠臼地提取清朝旗装的镶滚与花边为装饰,配以上宽下窄的衣袖,映射中国服饰演变中深刻的精神内涵。夏姿·陈的这一系列色彩运用大黑、紫红、湖蓝等温暖而饱和度高的色彩,与皮毛、刺绣结合,彰显端庄大方的东方情调。如图 2-2-4。

夏姿·陈 2012 年秋冬"织梦"系列,以清代多元民族纹样为灵感,通过苏绣技艺与现代的结构搭配,赋予传统元素以时尚感。夏姿·陈的这一系列色彩沿用了清朝明艳奢华的大红、橙黄、明黄、宝蓝等奢华大气、喜庆吉祥的色彩;同时,华丽的色彩运用还反映了 2012 年走出金融危机阴影后人们的积极心态,兼顾了文化底蕴与流行趋势。如图 2-2-5。

▶▶ 二、破旧立新的民初风尚

1911 年辛亥革命爆发,推翻了清政府的统治,孙中山在封建制度的废墟上建立了民主共和的中华民国。这次政权的更替,不仅是政治制度的交替,更是各种思想文化意识形态的彻底革新。各种各样的西方现代社会观念和技术闯入人们的生活,造成了人民生活全方位的改变,服饰制度是其中的重要一环。

图 2-2-4 以镶滚为
灵感的当代设计

图 2-2-5 以满清民族刺绣为灵感的当代设计

1912 年,由民国临时政府和参议院共同颁布了第一个正式服饰法令,即《服制》,该法令对民国男女正式礼服的样式、颜色、用料做出了具体的规定。在这部服制法令中,男式大礼服基本上完全照搬了西洋服装的样式,采取英国绅士式——欧洲燕尾服样式。在民初的政要集会场合中,英国爱德华时期的英式燕尾服、圆筒帽成为中国政界的标准服式。男子常礼服则采用中西两种样式供选择,其中西式常礼服又分为昼夜两种,这种习惯也与欧洲相同,且都是西装类型的装束,只在细节上有所区别。而中式常礼服则是长袍马褂,搭配西式礼帽。这里可以看到传统服饰在此时期延续的长尾效应,而其所规定的中西合璧的搭配方案,也形成了一种别具特色的中西并行不悖的时代审美。如图 2-2-6[①]。

《服制》颁布后,清代的朝褂翎顶被废除,西式的服饰列入服制法令。但袁世凯夺权、张勋复辟等事件证明民国政府的统治并不稳固,各方势力你方唱罢我登场,新思想和旧面貌同时存在,这样的怪象在服饰上也同样存在:清代的官服与军阀的西式军装时常同处一室,身穿长袍配西式礼帽,长辫与短发并肩而行,许多人家里都备着假辫子……各种不中不西、不伦不类的服饰充斥着人们的生活。如图 2-2-7。

民国成立后,孙中山通令全国,限时二十日将男子发辫一律剪除,并要求妇女放足。剪辫子与放足成为“革命”与“文明”的象征,这场从“头”到“脚”的革命,树立了全新的意识形态观念。

服饰革命不仅发生在正装上,而是体现了社会全方位的大转型。传统的宗法社会制度瓦解

---

① 《法令:通令南京府知事、各县民政长:公布服制(附图)》[N],江苏省公报,1912(59).

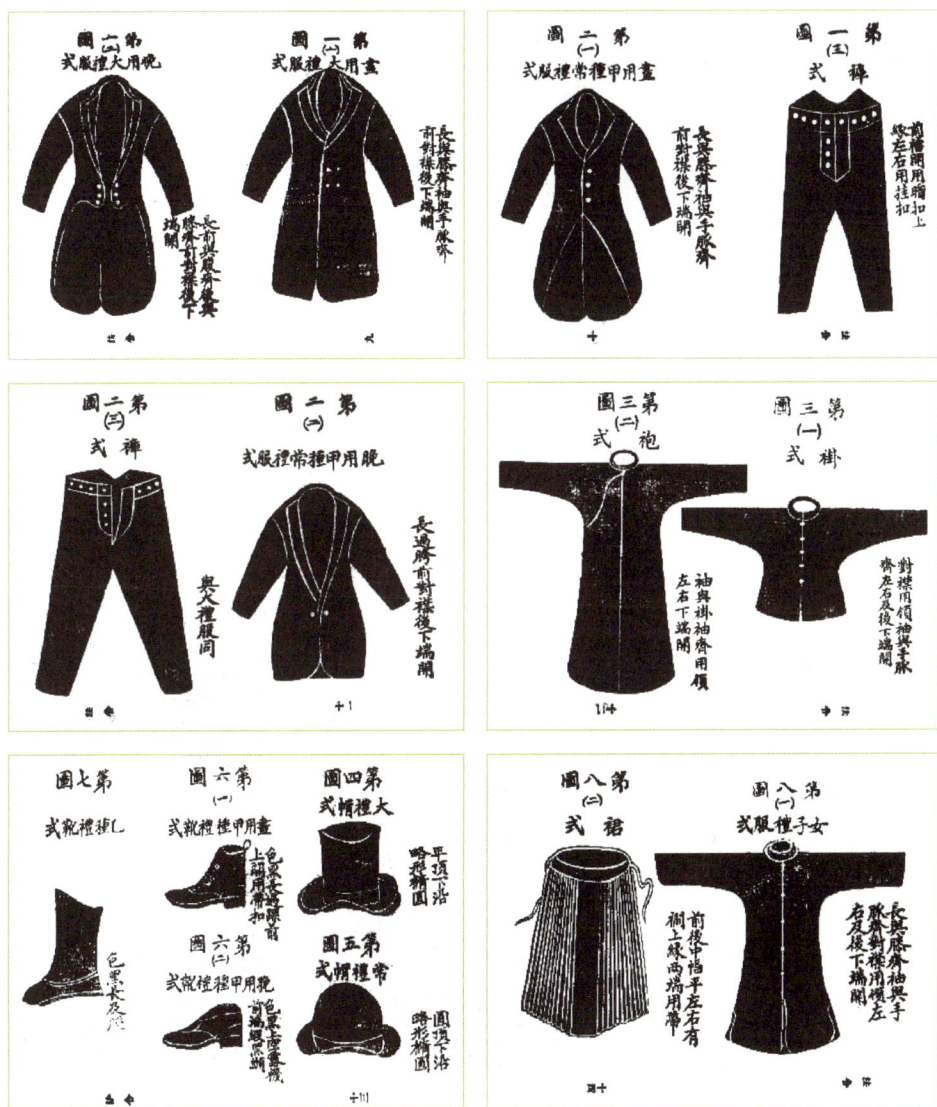

图 2-2-6 1912 年民国临时政府颁布《服制》条例附图

后,新的生产方式对农耕文明造成了极大的冲击。农耕文明的长袍长裙让位于资本主义下高效率的短装短裙,服饰的更替代表着产业结构与意识形态的更迭,正如胡仄在《百年衣裳》中所说:"世界上任何民族在跨越农耕文明之时,不可能不对自己的部分传统说再见。"

以台绣的当代设计再现为例。台绣是由浙江台绣服饰有限公司创立于 1993 年的原创东方美学品牌。台绣集中国本土绸绣艺术、西方现代时尚、当代纯粹艺术于一体,继承发扬了始于唐代的台州刺绣传统技艺,并结合 19 世纪末以来融合西方雕镂和抽纱工艺的"海门雕绣"技艺,应用于现代时装创新设计。

图 2-2-7 中西服饰混搭的民初风尚

台绣 2021 年 T-YSKJ 秋季新款系列产品，将传统刺绣工艺与中西文化经典和当代艺术相结合，传递低调奢华的东方美学。在艺术风格上，该系列以民国初期"破旧立新"的女子中式常礼服—长袍马褂为灵感，在款式上进行了改良，以西方现代时尚结合当代纯粹艺术，延续民国初期"破旧立新、中西合璧"的风尚，描绘新中式风貌，与现代的时装感结合相得益彰。在装饰手法上，该系列采用刺绣点缀，将刺绣与艺术时装相结合，继承和发扬台绣的精髓。在款式细节上，该系列款式运用了中式褂服款式，斜襟设计，精致的提花跃然于充满传统韵味的锦缎之上，体现中华传统文化元素与现代艺术的融合。如图 2-2-8。

图 2-2-8 台绣 2021T-YSKJ 秋季新款与艺术品创作

▶▶ 三、觉醒时代的中山装与旗袍风尚

20 世纪 20 年代，风云迭变，从军阀混战到北伐战争，从民主革命到五四运动，国内政局纷乱动荡。在这种纷乱不安的时代下，人们的服饰穿戴却得到了一定的发展。对于男装而言，中山装是此时最为正式的服装。而对于女性，受新文化运动和欧美妇女解放运动的影响，国内也相继发起了"天足""天乳"运动，全面释放女性的身体束缚。与此同时，社会舆论还提倡女性就业和经济独立。于是，中国女性再次主动选择了展现女性身体曲线的旗袍。

中山装的出现，是民国男装西化过程中的一个新阶段。由于孙中山特殊的社会地位，其着装从诞生起就被赋予明确的政治含义。其典型特征为：关闭式八字形领口，装袖，后背整块无缝；有袋盖的明口袋，左右上下对称；裤有三个口袋（两个侧裤袋和一个带盖的后口袋），挽裤脚。于外而言，中山装兼具军装、猎装的英武及学生装的儒雅，穿着精干大方；于内而言，又将"革命正统"的精神附加其上，包含民族道义。中山装的诞生与流行，结束了中国几千年来袍服制一统天下的局面。发展成型后的中山装成为广受世界各国认同的中国式近现代男装典范。如图 2-2-9。

图 2-2-9　穿中山装的孙中山先生

清末时期，满族妇女为了明哲保身，大都改穿汉服。但民国以来，越来越多女性又穿起了长袍，因其与清代旗女的袍服十分相似，故被称为"旗袍"。有部分学者认为，这一时期女性所穿的旗袍并非旗女之袍，而是把男性所穿的传统长袍给女装化了。这是一种对男性的蓄意模仿，一种渴望与男性获得平等社会地位的方式。此时的女性选择旗袍并非是一种政治态度的彰显，更多的是一种平权意识的增强和女性主义的觉醒。于是旗袍在诞生后很快就摆脱了男装特征，一路向着女性化风格发展。如图 2-2-10，2-2-11。

图 2-2-10　全衣绣工艺旗袍

图 2-2-11　与皮草搭配的旗袍

旗袍最初样式保留了传统味道,但之后迅速脱离了传统样式的束缚。1925 年之前的旗袍,宽大平直,以倒大袖为多,袖长及小臂中部,袍长至脚踝。到 20 世纪 20 年代中期,袍长和袖长均有所缩短,腰间已略显合体。北伐成功后,社会风尚有了很大的变化,旗袍宽大的袖口逐渐缩小,下摆提升,摆脱了初创时的式样,这被认为是女性解放的标志。

从清代到民国,旗袍并未中断,它在清末短暂的消失是为改朝换代特殊时期的趋利避害而作的权宜之策。而它在民国的再度出现,已经脱离了清代服装的桎梏,将传统与现代、东方与西方相融合,带来了全新的服装形态和时代理念。

以劳伦斯·许的当代设计再现为例。高级定制服装设计师劳伦斯·许(LAURENCE·XU)于 2009 年创立同名品牌,将中国古典元素运用于高级时装设计中,品牌定位于将具有东方特色的设计元素与西方的立体裁剪技法结合,秉持中西合璧的美学理念。

自 2005 年起,劳伦斯·许为多名演艺人士设计红毯礼服,2013 年起,他在巴黎高级定制时装周上成功发布"绣球""敦煌""山里江南"等系列作品,均具浓郁的中国传统文化特色。2017 年,由劳伦斯·许设计的海南航空第五代制服"海天祥云"首次亮相巴黎时装周,将中国传统元素与国际时尚融合。男式制服以中山装为原型,版型干净利落,凸显浪漫主义色彩。女式制服以中国传统旗袍为原型,以"彩云满天"为基调,领口设计祥云漫天,下摆为江涯海水;呼应 20 世纪 20 年代中国旗袍风尚,新制服的创作灵感来自传统的中国礼服旗袍,但通过创新设计带来了全新的时尚感。旗袍袖口采用七分袖,简洁大方的视觉效果更显空乘的干练感。裙型为郁金香型,采用精致的西式立体剪裁,兼具美观和实用功能。图 2-2-12,图 2-2-13。

图 2-2-12　2013 年秋冬高级定制"绣球"系列

图 2-2-13　2017 年海南航空"海天祥云"制服

　　旗袍样式在当代的演变过程中融入了更加现代化的艺术审美元素,早已不同于20世纪20年代的旗袍所代表的政治意味,转而注重文化艺术内涵。这种极具中国特色的服装不仅在当前国际文化交流中助力中华民族与世界各国的服饰文化交流互鉴,而且能够积极输出中国传统服饰文化。

四、海派摩登时尚

　　1931年的上海人口超过300万,是当时世界第五大城市,也是中国当时最开放、最发达、最国际化的城市。上海成为一个容纳世界各国文化的大熔炉,逐渐发展出独具特色的海派时尚文化。

　　在中国各地域文化中,海派文化是融入异质文化最多的一种文化形态,一方面是来自欧美的外来文化,它和中国的本土文化有着质的区别;另一方面是因商业都会而盛行的商业文化,它与中国传统的伦理文化大异其趣,因而使上海形成了与过去截然不同的驳杂多彩的特点。

　　经过二十年的摸索,20世纪30年代男性已经确立了以西装、中山装、长衫马褂、军装为主要服装的衣着模式。西装越来越普及,已经成为男性时髦摩登的象征,在商界、政界和部分知识界男士之间流行,西服制造产业已经成为当时时装业的重要组成部分。西洋的服装配饰成为时尚人士竞相追逐的单品,如巴黎的吊裤带、英国的羊毛围巾、德国的平光眼镜等。还有绒线开衫外套、绒线背心、宽驳领、双排纽的西式大衣等,这些迥异于中国传统服饰的穿搭,成为无数上海人心中的"时尚"。

　　从20世纪30年代开始,旗袍成为民国都市女性的日常着装。穿着旗袍的女性,可富贵、可淡雅、可风情、可质朴。经过民国以来的发展,旗袍摆脱了旧时代的窠臼,样式变化颇多,领、袖、襟呈不同的外观风格,裁剪也更为合体。长短肥瘦则根据每年的流行而变化,主要集中在下摆的长短、领口的高低、纽扣的多寡和侧开衩的高低等方面。如图2-2-14[①]。

图2-2-14　各式各样的改良旗袍

---

① 《旗袍之流行:旗袍之种种:[照片]》[J],《中国大观图画年鉴》,1930.

民国末期,西服较之前更加普及,此时的男性已经形成"西服为礼、西服为正"的衣着习惯。通常政界人士有的着中式长袍,有的穿西装,还有的人中式西式都穿。

时尚男青年们开始追逐短款的美式夹克,搭配"雷朋"的墨镜。大几何纹面料的浅色西裤和外套,大花卉纹或几何纹样的短袖衬衣和浅色西装广泛流行。在发型方面,都市男子崇尚一种吹得高耸的西式分头,吹风抹油、多无鬓角,通常被称作飞机头、阿飞头。由此可见,都市男性的穿着打扮越来越西化了。如图 2-2-15[1]。

图 2-2-15 青年穿着大衣、西裤参加 1937 年巴黎博览会

20 世纪 40 年代,旗袍进一步走进中国女性的生活。旗袍的制作工艺有所进步,多采用传统的熨、烫、归、拔技术配合收胸省腰;结构上既保留传统的连袖,也采用西式装袖;造型上引进西式垫肩,谓之"美人肩",使传统旗袍的廓形有了较大突破。此时的旗袍,已经与 20 世纪 20 年代初诞生的旗袍有了本质区别。除了旗袍的流行之外,《良友》《玲珑》等杂志以及月份牌的广泛传播,让越来越多的普通女性也开始接受西式女装的穿搭。不过,受战后经济萧条的影响,此时流行的大多是经过本土改造或设计的西式女装,风格偏简洁和中性。这一时期都市摩登女性的必备行头,有各种工装和连裤衫、前开襟翻领西式连衣裙、背带裙以及款式简洁的衬衫等。如图 2-2-16[2],图 2-2-17[3]。

整体来看,抗战结束前夕,都市的整体服饰风格趋向于简约、克制,主要考虑经济与实用。抗战结束之后,以上海为中心的中国经济中心地区,曾一度掀起一股疯狂的消费热潮,服饰风格突

---

① 《比京学歌记:游巴黎博览会时摄于会场内:[照片]》[J],《良友》,1941(168)。

② 郎静山,张修中,《良友》[J],1941(164)。

③ 郎静山,《良友》[J],1941(168)。

图 2-2-16 无限春光好（李绮年女士）　　图 2-2-17 唱和（郎毓秀女士）

然变得矫饰与夸张。但这种状况并没有持续很久，新中国成立后，人们的生活方式、服饰穿搭等都将开始书写全新的篇章。

以"上海滩"的当代设计再现为例。上海滩于1994年由香港人邓永锵创立，曾被誉为第一个中国奢侈品牌。上海滩善用中式设计元素并提供量身定制服务，推崇"传承"并积极塑造当代中国文化和艺术。上海滩通过推出高级订制、成衣时装、配饰、家居等多个系列，以及与艺术家、设计师及其他品牌联名等方式，打造东方精致品质生活与富有创新精神的中国时尚品牌。

上海滩持续推出"文化词汇"服饰系列产品，从蕴含中华文化及历史意义的丰富词汇中，选取一些别具代表性的图像及象征符号，如"龙""凤凰""牡丹""蝴蝶""虎"等，从中体现中国的辉煌历史，弘扬民族文化自豪感。该品牌在旗袍制作中选用玫瑰花图案，采取传统棉质织物，勾勒曼妙曲线，且饰以品牌的标志性元素，如亮泽真丝中式领、精美手工盘扣等，现代与经典结合相得益彰。如图2-2-18，图2-2-19。

图 2-2-18 以玫瑰印花为灵感的长旗袍

图 2-2-19 旗袍上的中国传统盘扣

▶▶ 五、新中国的新风尚

1949 年,新中国成立,中国时尚迎来新纪元,国家领导人对中山装的选择无疑为新政权下的着装标准和形式奠定了基调,成为潜在的"服制"。如图 2-2-20。

图 2-2-20　毛泽东主席宣告新中国成立

新中国成立初期,在具有强烈工农意识的新政权领导者的带领下,人民吃穿用度方面极尽简朴,服饰衣衫也随新中国成立后的一系列社会主义改造而不断变化。随着社会主义改造的不断深入,社会政治经济意识形态也在悄然改变,同时也改造着人们的服饰观念。由于经济不景气,政府强力宣传"勤俭持家""艰苦奋斗",提倡节约,反对奢华,工农干部的"左"倾倾向,将朴素、简陋的服饰推向极致,倡导"新三年,旧三年,缝缝补补又三年",更有甚者,将新衣补上补丁,不成文地鼓励具有特殊政治意味的"补丁"服饰时尚。

20 世纪 50 年代政权逐渐稳定,与解放区、解放军、工农大众相关的一切被推崇为时尚,中山装、人民装在城市劳工中成为主流衣着;青年学生则以学生装、青年装(小翻领、三贴袋、四粒纽)为主。这一时期,女性化服装不被提倡,而我国与苏联正处于友好往来时期,门襟右衽的男式列宁装,大翻领的设计剪裁、双排扣的配件辅助、束腰的灰色布衣成为女性着装时尚,也是进步革命青年的标志性装扮。此外,还流行布拉吉,乌克兰衬衫、鸭舌帽(苏联工人帽)、苏式女学生裙、荷叶帽(帽檐略呈波浪形)等。有些同志会把压箱底的旗袍、西装裙配皮鞋或半高跟皮鞋拿出来穿,女同志还会选择时尚的"港式裤",配以卷发的"港式头"。如图 2-2-21,图 2-2-22。

20 世纪 50 年代之后,旗袍逐渐从人们的生活中淡出,但在新中国成立之初,旗袍并未马上退出历史舞台,而是作为女性礼服,出现在新中国建交过程中。一批开国功臣被任命为驻外大使,

图 2-2-21　20 世纪 50 年代大学生装束图　　图 2-2-22　20 世纪 50 年代试穿布拉吉的姑娘

大使夫人们开始穿着旗袍,此一时期女性旗袍的制作工艺仍沿用手绘、刺绣、贴花灯等。后来新社会倡导的审美意识里包含着打倒阶级、批判被改造人们的生产生活方式,从而引申到穿旗袍、穿西装的人本身,在这样的政治环境下,旗袍被贴上"旧社会""非无产阶级"的标签,至此,西装、旗袍进入衰落期。

▶ 六、困难时期的"老三服、老三色"

20 世纪 60 年代的中国面临严峻的国际国内环境,服装符号的政治隐喻在这个时代愈加明显且敏感,个性化、人性化的服饰被完全排除在生活中。服装仅限于"老三服、老三色",即中山装、人民装、军便装,颜色以蓝色、绿色、灰色为主,以及红卫兵装、两用衫、工作服,颜色也还有褐色之类。

受计划经济影响,20 世纪 60 年代男性服装一如 20 世纪 50 年代一派蓝灰的中山装,与民国时期相较,此时的中山装取消了后背中缝和上袋的褶裥,做了简化处理,还会将圆领改为尖领,前片与后片做得略宽,中腰稍做收形。

20 世纪 60 年代的年轻女性脱下红装,穿起了男性同款军装。具有女性化特征的"红装"在这个布票紧缺、严格控料的时代显然不合时宜,因此爱"红装"还是"武装"已经不是穿衣选择问题,而是革命与否的问题。尤其新中国成立后,妇女解放成为新中国社会主义革命的一部分,毛主席曾说,"时代不同了,男女都一样","妇女能顶半边天"等,从思想到外表,从言行举止到服装展现,都能体现女性阶级性、党性、社会性、人民性的特征。因此,男女同装极为常见,男女学生则是一身红卫兵装的打扮:黄绿色旧军装、旧军帽、"红卫兵"袖章、武装皮带、解放鞋、绣着"为人民服务"红色字样的绿色军挎包、胸前佩戴毛主席像章等。如图 2-2-23,图 2-2-24。

图 2-2-23 20 世纪 60 年代家庭合影

图 2-2-24 20 世纪 60 年代红卫兵装扮的女青年

政治诉求成为 20 世纪 60 年代服饰变迁的重要因素,作为社会人的文化符号也通过蓝、绿、灰的军装制服,中山装,人民装,军便装,红卫兵装等得以体现。20 世纪六七十年代"文化大革命"在改变政治环境的同时,也深刻影响了人们的生活。

以"飞跃"的当代设计再现为例。20 世纪 60 年代的中国面临严峻的国际国内环境,服装仅局限于"老三服、老三色"。同时,中国橡胶业的发展促进了鞋履的转变,解放鞋是中国人民解放军最主要的作战装备,它穿着轻便,耐磨防滑,在部队作战、训练、生产劳动和日常生活中发挥了重要的作用。经典的解放鞋款式为布面胶底,绿色帆布鞋面与军装融为一体。

解放鞋是 20 世纪 60 年代解放军人的军需物品,而大孚橡胶厂根据军用解放鞋研制出的民用运动鞋大放异彩,成为 20 世纪 60 年代人手一双的热销品,大孚橡胶厂将其取名为"飞跃"并建立品牌,白帆布、红蓝配色、黑色品牌标识与黄胶带是人们对于"飞跃"最深的印象。"飞跃"品牌延续至今,为了融入千禧一代的审美发展,陆续与淘奇多奇(TOKIDOKI)、百世、小米等不同品牌联名,"飞跃"既承载了历史的底蕴,又具有前沿时尚的眼光,摇身成为国潮品牌风靡当下。如图 2-2-25。

七、改革开放与新时代风尚

20 世纪 70 年代,人们穿衣风格仍然被"文化大革命"的"破四旧"禁锢,"破四旧"否定了包括形制、礼仪、装饰等在内的中国传统服饰文化,"远看一大堆,近看蓝绿灰"是当时人们穿着的写照,服装只是为了遮衣避体,不分男女。

图 2-2-25　"飞跃"经典解放鞋

　　虽然在 20 世纪 70 年代国家倡导发展化纤工业,许多新兴化纤面料广泛应用于制衣行业中,如"尼龙""维尼龙""的确良"①(主要用于衬衫制作)等,但是政治思想以及落后的经济,依然限制了服装样式的多样化。此时男装款式仍然是老三样,中山装仍然是屡见不鲜的男士服装。由于意识形态的束缚,女性服饰款式像男士一样宽松,宽大的服饰弱化了女性性别特征。此时春秋衫和中式衬衫成为女性的专用衬衫,衬衫口袋则用明线压出线际、领子变大或变小,衣料品种或花色多为灯芯绒、素条格布、素格外衣呢等,女性扎着麻花辫穿着衬衫,以朴素清纯的打扮为主。

　　除了"老三服""老三色",女民兵的形象盛行一时,受尽追捧,素色中式上衣、胸前戴有毛主席像章,腰间缠绕子弹袋,手握钢枪,配以齐耳短发,在当时令诸多女子敬慕,是当时女性争相模仿的时尚。如图 2-2-26。

　　20 世纪 70 年代的服饰款式单一,其色彩也仅仅只有蓝、灰、绿、黑、褐几种颜色,服装产业发展缓慢,纺织印染企业难以生存,人们的服饰中难以看到生气勃勃明亮的颜色,只有年轻姑娘和孩子身上允许出现织布面料或相当简陋的小花卉。

　　1978 年改革开放的春风吹向全国,最大的改变就是从"一衣多季"到"一季多衣"。改革开放之后经济蓬勃发展带动了人们生活水平的提升,促进了人们思想进一步解放,同时中国服饰也从单一变得多元化发展,款式和色彩都变得丰富起来。

　　20 世纪 80 年代初期,香港电影文化掀起了一股复古风潮,颠覆了以往单一的服饰色彩,多年的"老三服""老三色"被新兴的服饰文化所取代。

---

① 　吴月辉.《影像 30 年①·衣的变迁:穿在身上的历史》[N].人民日报海外版,2008(11).

图 2-2-26　20 世纪 70 年代合唱团的红卫兵

图 2-2-27　20 世纪 80 年代穿喇叭裤的男青年

20 世纪 80 年代，人们审美意识尚不成熟，导致各种奇装异服出现，甚至打扮不伦不类，但是随着人们审美"试错"，不协调的服装形式被抛弃，经典的服饰得到保存，甚至延续至今。随着时尚与国际接轨，喇叭裤成为当红的服装款式。在流行款式喇叭裤之后，接替流行的服装款式还有：石磨、水洗牛仔裤、萝卜裤等，而西装、文化衫、花衬衫、蛤蟆镜、长头发、大鬓角等也在当时流行一时。如图 2-2-27。

20 世纪 80 年代，人们通过电影来了解国外文化，看电影是当时人们最重要的娱乐活动之一，电影甚至承担了服饰文化的宣传作用，电影中明星的穿着打扮成为人们争相效仿的对象。如美国科幻电影《大西洋底来的人》，主人公麦克戴着太阳镜阳光帅气，令国人艳羡不已，由此，"蛤蟆镜"在国内盛行一时，为了展现进口眼镜，甚至不愿意摘掉标签佩戴。山口百惠主演的电视连续剧《血疑》在中国热播，女主角大岛幸子身上的学生装，成为当时青年女性最为青睐的热门服装款式之一，当时曾有专门的《幸子衫裁减法》《幸子衫编织法》等书，受到年轻女性追捧，十分热销。如图 2-2-28，图 2-2-29。

20 世纪 80 年代，全国 200 多个纺织机械厂按主机分工、零部件生产、专用配套件生产、工艺专业生产等形式，组成了专业化协作网，中国面料生产与印染能力极大提升。1986 年 9 月，国务

图 2-2-28　20 世纪 80 年代戴蛤蟆镜的男青年

图 2-2-29　山口百惠在电视剧《血疑》中的学生装

院明确提出"以服装为龙头"的思想,并于年底决定将服装行业从轻工业部转至纺织工业部管理。1988 年《服装创作也是生产力》[①] 一文指出:"科学技术是生产力,艺术也是生产力"。至此,我国服装产业既包含了科技也融合了设计,裁缝不仅会做衣服,还会设计衣服,结合了科学技术与文化艺术的因素,使服装艺术设计变成专门的职业。

　　20 世纪 80 年代的中国时尚深受西方时尚文化影响,引进了许多西方时尚文化传播模式。20 世纪 80 年代的中国杂志《时尚》率先刊登西方面孔的模特,轮廓深邃的外国模特的时尚感影响着中国时尚杂志,让读者想进一步了解模特身上的时尚服饰,刺激读者感官的同时扩大了时尚的信息。20 世纪 80 年代初,上海服装公司组建了新中国第一支时装表演队,在当时称为"服装表演员",这些中国模特身上所呈现的缤纷色彩唤醒了人们对美的追求,推动了社会观念的进步。1981 年,这批模特队伍在上海友谊院举行了首场演出,同年 11 月,上海"服装表演员"们与法国模特合作,为皮尔·卡丹的个人作品发布会进行时装展演。1983 年,中国时尚杂志社应法国高级时装协会邀请,前往巴黎考察了世界博览会的情形,并撰文介绍了欧洲的男、女装特点,向国人传播了国外丰富的时尚文化。1985 年 5 月,法国时装设计师伊夫·圣·洛朗(Yves Saint Laurent,1936—2008)在北京中国美术馆举办个人 25 周年作品回顾展览,这次展览共分为三个展厅,包括圣·洛朗的"蒙德里安""波普"艺术系列、"毕加索绘画"系列,以及其著名的"狩猎"(Safari)外套系列,由于该展览当时与中国国情相差太远,服装理念超前,以至参观人数寥寥无几。两年后,一位来自上海名为陈珊华的设计师,代表中国首次在巴黎给国际观众展现了中国设计的风采。陈珊华当时作品"红黑色组合系列"虽然并非传统旗袍,但是黑红撞色给人以强烈视觉效果,这一系列便成了中国服装的标志性符号。如图 2-2-30。

---

① 《中国服装》[J],1988(1)。

图 2-2-30　1985 年伊夫·圣·洛朗在北京展览

　　20 世纪 80 年代是中国服装产业发展的一个转折点,改革开放使人们思想意识逐渐得到解放,物质生活水平的促进也提高了人们的服装审美需求,中国服饰转型是人们突破传统思想束缚的成果。中国服饰在 20 世纪随着时代的不同而变化巨大,是时代的照应,是历史发展的沉淀,并在一个个历史机遇下砥砺前行。

　　以"密扇"的当代设计再现为例。密扇(Mukzin)由设计师韩雯与冯光于 2014 年创立。两位设计师积极探索西方审美与中国元素的结合,提出新东方美学理念,并付诸时尚品牌设计运营。密扇立足于亚洲,以现代设计理念解构中国传统文化元素,打破西方设计师一贯的东方风格表现方式,尝试深挖中国设计元素。密扇不囿于传统服饰元素,戏剧、诗词、美食、神话、商品包装、山水园林等都是其灵感源泉,在国际舞台上扩大了中国文化的影响力。

　　密扇 2018 秋冬系列以东方武侠为灵感,运用波普艺术设计手法,将东方传统与现代时尚元素融为一体。密扇 2020 年秋冬系列以中国神话为灵感,突破中国设计限制,运用解构主义进行全新演绎。款式方面,刺绣短夹克与中式棋盘扣和西式翻盖口袋结合,与 20 世纪 80 年代服饰百花齐放、多样混搭的整体风格契合。纹样方面,密扇提取貔貅、葫芦、破空竹等传统元素,与现代科技面料相结合,鲜明生动,富有感染力。色彩方面,密扇运用桃红、黄绿、宝蓝、肉粉等鲜艳的色彩,反映出人们对春天的向往与对特定时期社会氛围的突破渴望。如图 2-2-31,图 2-2-32。

图 2-2-31　以西方设计方法处理
中国元素的当代设计

图 2-2-32　中西结合的当代设计

课后提问与思考

问题一：对应本章介绍的各个时期的时尚现象与流行演变，选择其中一个时期的时尚样式，谈谈这一时尚现象与所处社会背景、时代精神、艺术表现形式的对应关系。

问题二：结合本章提及的某一历史时期，谈谈当时某一时尚现象出现所处的社会背景，尝试结合当代设计师品牌设计作品中的经典样式与设计元素再现展开分析。

问题三：请谈谈 20 世纪 20 年代的时尚现象与流行文化，以及当时的时尚女性形象。

问题四：结合本章内容，尝试分析宫廷时尚到设计师驱动的时尚转变过程中的时尚群体变化。

本章拓展资源

1. 时代精神

2. 维多利亚时期的流行

3. 爱德华时期的流行

4. 20 世纪 20 年代的流行

5. 20 世纪 30 年代的流行

6. 20 世纪 40 年代的流行

7. 20 世纪 50 年代的流行

8. 20 世纪 60 年代的流行

9. 20 世纪 70 年代的流行

10. 20 世纪 80 年代的流行

11. 20 世纪 90 年代的流行

命题设计 2

流行的演变与经典样式的再现是服装流行趋势发展过程中的典型现象与重要规律。本章结合社会历史背景、人文艺术思潮、技术迭代发展,对时尚进程中服装流行现象出现的必然性展开综合分析。对时尚经典样式的学习与借鉴,是中西著名服装设计大师进行服装与服饰设计工作的有效方法。尝试结合时尚发展与流行演变的学习,选择本章提及的一个历史阶段的经典设计,展开当代设计再现的学习,而后结合命题设计 1 所选择的区域时尚市场与时尚消费群体拟定品牌,展开历史经典样式与风格的当代设计再现训练。

第三章

服装流行趋势预测要素与方法

第一节 品牌消费群体分析

当我们进行品牌消费群体分析时,能够借助的主要观察视角可以归纳为人口分析、地理分析、心理分析及行为分析四个方面。

▶▶ 一、人口分析视角

人口统计指标(Demographics Index)包括年龄、民族、国籍、性别、婚姻状况、家庭生命周期、受教育程度、职业和收入以及生育率等,这些指标均是客观的。

从宏观视角来讲,通过对这些指标的把握,可以对某一特定区域内的人口进行划分,通俗来讲就是通过"贴标签"的形式,整体把握某一区域内的人口状况,或者说消费者组成情况。

从微观视角来讲,利用细分指标,例如,消费者个体的受教育程度、消费水平、时尚感知程度、消费决策等个体化信息,构建不同种类的消费者群体画像。这实质上是一种以点带面的方式还原宏观视角下的各类"标签",但更加细致和精确,细分类目也更加多样化。

服装行业通过了解这些信息,可以从基本面上选择自身企业的定位与消费人群,从而针对其消费者群体的需求进行服装的设计与营销策略的选择。

例如,社会阶层(Social Class),就可以被看作是一个宏观视角下的标签。社会阶层可以理解为将一个社会成员划分为不同社会地位的等级制度,每个阶层的成员都拥有与其所属社会阶层相应的社会地位。将社会成员划分成小范围的社会阶层有利于研究者关注同一阶层内共同的价值观、态度和行为方式,以及不同阶层间的不同价值观、态度和行为方式。研究表明,特定社会阶层在穿着习惯、家庭装饰、休闲生活、储蓄、消费等方面区别于其他阶层的消费者,在进行对应特定品牌时尚消费群体的流行趋势设计提案时,也应该充分考虑该群体的特殊性,以及采用差异化的产品与促销策略。

▶▶ 二、地理分析视角

地理统计指标(Geographics Index)是指根据品牌目标消费群体所居住区域的地理条件界定目标消费者群体,包括气候、人口密度、城市级别、交通条件、基础设施、城镇规模等内容。

地理因素可分为自然地理要素与人文地理要素。

自然地理要素顾名思义是指人们居住地的自然环境因素,包括年平均气温、降雨量、植被覆盖率等。充分考虑到地理条件对人体生理的影响,进而明确该地区人们在服装选择上的整体偏向性。例如,中国东北地区消费者在防寒衣物的需求上显著大于长江以南地区的消费者,进而设计制作最适合该地区地理条件的服装来满足人体生理需求。不同地域的人们,在该地区适应自然环境的过程中逐步形成的风俗习惯、思想观念等都会影响其对服装的态度和选择。这里所提到的风俗习惯、思想观念等,构成了人文地理要素的基本内涵。所以,自然地理要素深深影响着人文地理要素的形成,也正因为多变的地理与气候特征,才产生了丰富多样的地域文化,从而进一步影响服装的选择。

单就服装的选择而言,消费者对于服装流行信息的获得与接纳程度,会因地理位置和人文环境的不同而千差万别。大城市的消费者更容易接受新的观念并对流行产生推动作用,他们能够及时地获悉和把握服装流行信息,并积极地参与到潮流中去;而一些小城镇的人们则会较少或较慢地接受服装的流行信息,对新的流行缺乏认知度;那些身处边缘山区、岛屿的人们,还会固守自己的风俗习惯和服饰。正因如此,在世界范围内存在大量极具地域特色的穿着方式,这些穿着方式也可以成为时尚元素,成为国际服装潮流中新的设计灵感。同时,随着世界经济的不断发展,科学技术、文化艺术的不断进步,平原和山区、城市和乡村的区别越来越小,这就意味着对流行文化的共鸣越来越高。

值得注意的是,不同区域人们对于"流行文化"的共鸣越来越高的现象是一把双刃剑,一方面促进了当代经济的发展和其相对应的文化与审美的传播;另一方面,也在造成各区域、各民族、各文化圈的同质化现象。现代科技的发展会在一定程度上抹平原有的地理区隔,使各种原生文化因此受到侵扰甚至破坏。流行文化借助经济这一推手,大有"一统江湖"的态势,在服装领域更是如此。因而,很多服装设计师也开始思考相关问题,并尝试通过自身的努力回应或保护各类文化的丰富性。

▶▶ 三、心理分析视角

心理统计指标(Psychographics Index)包括生活方式、性格、购买动机等。生活方式,包括活动、兴趣和意见(Activities, Interests and Opinions),简单来说即指消费者对各种问题的态度,不能根据标准的定义来分类,而是需要在特定的语境中定义,如"绿色消费者"之类的名词。类似的个性特征(Personal Traits)、社会文化价值观(Social Culture Values)等抽象认知,也都要通过心理学的或者态度方面的工具来测量。总体来讲,顾客在服装消费过程中主要存在以下几种心理。

1. 求实心理

即讲究商品的内在质量,注重实用性。这类心理的消费者一般不大追求商品的外形,以经济收入较低者和中、老年人居多,是中等偏低和大众化时尚品牌的主要消费群。

2. 求新心理

这类消费者特别重视商品是否款式新颖、格调清新和社会流行,而对商品的实用程度和价格高低并不十分计较。这类消费者以经济条件较好的青年男女为主。

3. 求廉心理

这类消费者一般以经济收入较低或节俭的人居多,他们讲求经济实惠,对于两种或多种使用价值相同或相仿的产品,往往选购其中价格较低的。此外,这类消费者中的相当一部分更喜欢选购特价或折价的处理商品。

4. 求名心理

这类消费者崇尚和追求名牌产品,看到名牌商品就有购买欲,同时对名牌商品的细微变化又非常敏感。这类消费者,一般是依赖名牌产品的质量和售后服务,有的则是为了满足自己优越感的心理需要。

5. 好奇心理

这种心理促使消费者对那些构造奇特、式样新颖或富有科学趣味、别开生面的时尚产品,产生强烈的"试一试"的愿望。这类消费者尤其在青少年中占有很高的比例。他们常常是某些新式服饰品的第一批消费者。

6. 信任心理

某些消费者由于长期的使用习惯或对某个时尚品牌产生特殊的好感,使他重复地、习惯地购买某个品牌,甚至乐于为其义务宣传。

7. 仿效心理

它突出地表现为消费者在购买服装等时,希望与他人保持一致。比如,某一时期流行红裙子,那么红裙子在该时期内就会迅速成为抢手货。

8. 便利心理

在购买商品时,消费者都讨厌烦琐的购买方式、过长的等候时间和低下的售货效率。为求便利,宁可价格高一点。这类消费者在男青年中居多。

▶▶ 四、行为分析视角

行为分析视角包括对消费者为获取、使用、处理消费物品所采用的各种行动,以及事先决定这些行动的决策过程的对应分析。

对于行为分析首先应掌握的是 4 个"W":

什么(What):消费者购买或使用什么产品或品牌?

为何(Why):消费者为什么购买或使用?

何时(When):在什么时候购买和使用?

何地(Where):在什么地方购买和使用?

根据消费者的不同购买行为可以对市场进行细分,行为细分指标(Behavior Index)包括使用率(Usage rate)和使用情境(Usage Situation)。消费者特定认知的细分依据包括利益细分(Benefit Segmentation)、品牌忠诚(Brand Loyalty)、品牌关系(Brand Relationship)。

1. 使用率细分

在涉及特定产品、服务及品牌时,将消费者分为重度使用者、中度使用者、轻度使用者和从不使用者。

2. 使用情境细分

环境和情境通常会决定消费者购买什么或者消费什么。事实上,在不同的环境中,同样的消费者可能会做出不同的选择。甚至许多产品是根据特定的使用情境如,情人节、春节等推出的。

3. 利益细分

消费者追求的利益代表了消费者未被满足的需求,尽管通常的观点是一个品牌带来的特殊和重要的利益能够影响消费者对品牌的忠诚。

4. 品牌忠诚与关系细分

品牌忠诚的最普遍应用是购买频率奖励计划。品牌忠诚包括两个部分:

(1) 行为

对某一品牌购买的频率与持续性。

(2) 态度

消费者对品牌的承诺感。

▌第二节　服装流行的趋势要素分析

▶▶ 一、服装流行的色彩趋势要素

1. 色彩基本理论

对色彩的理解需从揭示色彩现象的本质入手,以了解光与色彩、物体与色彩之间的关系。本节揭示同一物体由于不同的色光照射而产生不同色调的原因,解析物体在平面状态和立体状态下,对相同或相异色光的反应以及色彩处在不同空间场合所发生的变化,乃至不同区域、不同民族、不同文化对同一组色彩会产生不同的反应等色彩现象。

(1) 色环

色环(Color Wheel)是在彩色光谱中所见的长条形的色彩序列,其将首尾连接在一起,显示原

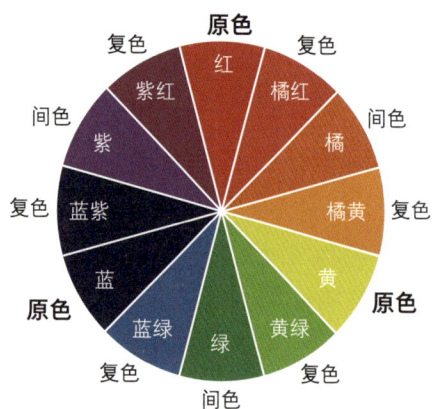

图 3-2-1 色环中涵括原色、间色和复色

色、间色、复色之间的关系。如图 3-2-1。

(2) 原色

原色(Primary Color)是最基本的颜色,通过一定比例混合可以产生其他任何颜色。通常,原色为黄色、红色与蓝色。

(3) 间色

间色(Secondary Color)为任意两种原色以各 50% 的比例混合而成的颜色。红色加蓝色混合成紫色,蓝色加黄色混合成绿色,红色加黄色混合成橘色。

(4) 复色

复色(Teritary Color)是任意一种原色和与之间隔的间色以各 50% 的比例混合而成的颜色,有蓝绿色、蓝紫色、红紫色、橘红色、橘黄色和黄绿色。

(5) 冷色与暖色

冷色和暖色(Warm and Cool Color)是依据色彩心理感受而划分的,色彩的冷暖感觉是人们在长期生活实践中由于联想而形成的。通常我们把红、橘红、橘、橘黄、黄、黄绿定义为暖色;把绿、蓝绿、蓝、蓝紫、紫、紫红定义为冷色。如图 3-2-2。

图 3-2-2 冷色与暖色

(6) 补色

色环上相对的颜色为各自的补色(Complimentary Color),如红色的补色为绿色,橘红的补色为蓝绿色。如图 3-2-3。

(7) 侧补色

该颜色补色的近似色为此颜色的侧补色(Split Complimentary Color),如红色的侧补色为蓝绿与黄绿,橘红的侧补色为蓝色和绿色。如图 3-2-4。

图 3-2-3　补色

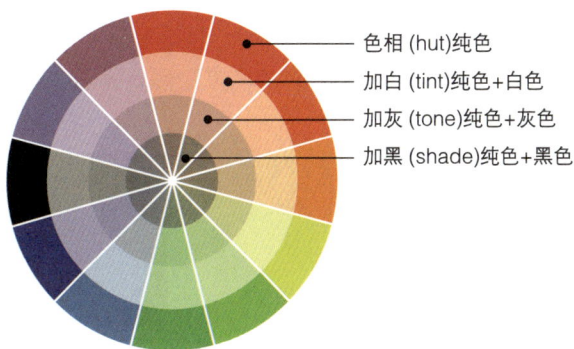

图 3-2-4　色环中的侧补色

(8) 近似色

近似色(Analoys)指的是色环上任意一种颜色与之相邻的两种颜色。如红色的近似色为紫红和橘红。

(9) 色相

色相(Hut)是色彩的首要特征,是区别各种不同色彩的最准确的标准。色相由原色、间色和复色构成,即为纯色。如图3-2-5。

(10) 加灰

加灰(Tone),是纯色加一定比例的灰色而显示出的颜色效果。

(11) 加白

加白(Tint),是纯色加一定比例的白色而显示出的颜色效果。

图 3-2-5　色相

(12) 加黑

加黑(Shade),是纯色加一定比例的黑色而显示出的颜色效果。

(13) 饱和度

饱和度(Saturation)是指色彩的鲜艳程度,也称色彩的纯度,饱和度取决于该色中含色成分和消色成分(灰度)的比例。含色成分越大,饱和度越大;消色成分越大,饱和度越小。如图3-2-6。

(14) 明度

明度(Value)是指色彩的亮度深浅。如图 3-2-7。

图 3-2-6　色彩的饱和度　　　　图 3-2-7　色彩的明度

2. 色彩与品牌

色彩应用与价格、品牌间存在一种隐性关系。例如,法国顶级奢侈品牌爱马仕一直以它的"皇家橙"为代表色,它的商标一直是这个橙色,明亮醒目,优雅温馨。爱马仕的包装盒也一直都是鲜艳的橙色,配有深棕色包边装饰。除此之外,在爱马仕的产品中也经常会出现橙色,比如丝巾、包袋,还有一些家居产品等。如图 3-2-8 至图 3-2-11。

爱马仕的橙色已经成为一种品牌形象,就像蒂芙尼蓝被命名为品牌名字一样,提到某个颜色就能联想到与其对应的品牌。

图 3-2-8　爱马仕的商标　　　　图 3-2-9　爱马仕的包装盒

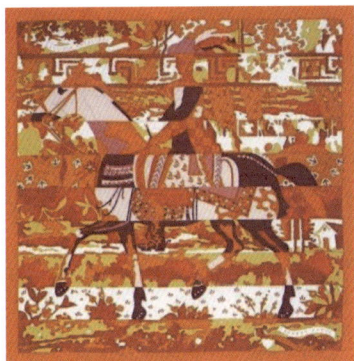

图 3-2-10　爱马仕丝巾　　　　　　　　图 3-2-11　爱马仕包袋

　　美国著名珠宝品牌蒂芙尼，在创立不久后就设计出白色绸带蒂芙尼蓝色礼盒，被认为是奢侈品牌包装史上最具辨识度的包装之一。"蒂芙尼蓝"为较浅的知更鸟蛋蓝，给人一种纯净、自然之感，与蒂芙尼"爱、浪漫、梦想"的设计主题相匹配。除了礼盒之外，蒂芙尼的产品也会经常使用"蒂芙尼蓝"，如项链、手镯、包袋、戒指、礼盒等。如图 3-2-12 至图 3-2-17。

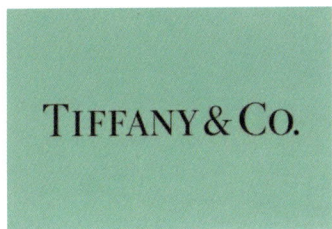

图 3-2-12　蒂芙尼的商标　　图 3-2-13　蒂芙尼 T 系列项链　　图 3-2-14　蒂芙尼 T 系列手镯

图 3-2-15　蒂芙尼居家精品系列包袋　　图 3-2-16　蒂芙尼戒指　　图 3-2-17　蒂芙尼蓝礼盒

在崇尚纯色的古代欧洲,对于明亮的色彩,上流社会的人们会优先选择胭脂红或者亮黄这类看起来高贵的颜色,橙色这种介于红黄中间的混合色彩总是被人们忽略,但是像"爱马仕橙"这种被消费者视为高贵奢侈的存在,使人们对橙色有了新的认识。

可见,流行色与价格、品牌档次间似乎存在着一种正相关关系。

3. 服饰色彩心理

在自然欣赏、社会活动方面,色彩在客观上是对人们的一种刺激和象征,在主观上又是一种反应与行为。色彩心理透过视觉开始,影响知觉、感情、记忆、思想、意志、象征等,其反应与变化极为复杂,不同色彩给人带来不同的心理感受。色彩的应用很重视因果关系,即由对色彩的经验积累转变为对色彩的心理规范,受到何种刺激会产生何种反应,都是色彩心理所要探讨的内容。在东西方文化差异背景下,相同色彩给人带来的心理感受也不同。如图 3-2-18。

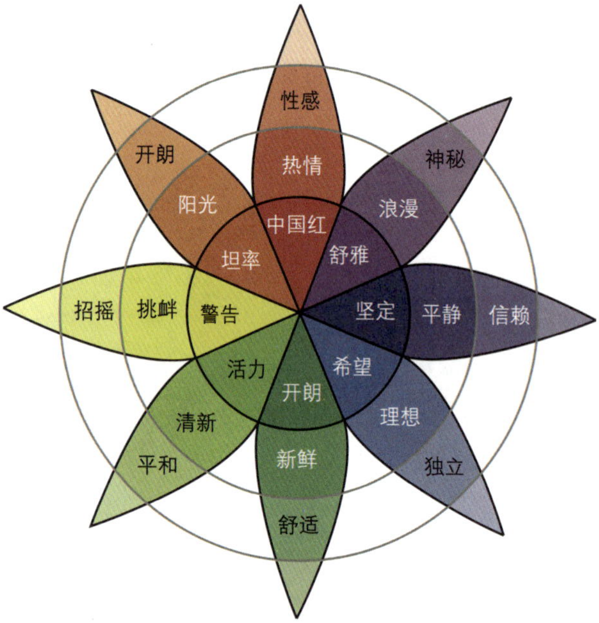

图 3-2-18 不同色彩的心理感受

(1) 红色

中国人把红色视为吉祥、喜庆和进步的象征,如大红灯笼、红对联、红福字、大红"喜"字等,可称为"红火";它也象征顺利、成功,如人的境遇很好被称为"走红""红极一时";它还象征美丽、漂亮,如指女子盛装为"红妆"或"红装",指女子美艳的容颜为"红颜"等。但是,红色在西方文化中多是与火、血相联系。如图 3-2-19。

（2）白色

白色在中华民族传统观念中，具有矛盾的文化象征意义。白色象征贤明、清正的品格，同时它也象征知识浅薄、没有功名，如称平民百姓为"白丁""白衣""白身"等。

西方文化中白色是完美、理想和优秀的色彩，所以它是西方文化中的崇尚色。白色是复活的色彩，复活者身着白色衣服出现在上帝面前；白色是高雅纯洁的色彩，婚礼中的新娘都身着白色的婚纱。如图 3-2-20[①]。

图 3-2-19　红色的中式婚礼服装　　　　图 3-2-20　白色的西式婚纱

（3）黑色

古代中国文化里黑色为天玄，有沉重的神秘之感，是一种庄重而严肃的色调，它的象征意义受西方文化的影响而显得较为复杂。一方面它象征严肃、正义，如民间传说中的"黑脸"包公，传统京剧中的张飞、李逵等人的黑色脸谱；另一方面它又象征邪恶、反动，如指阴险狠毒的人是"黑心肠"等。黑色在西方文化中，也多为忌色，象征死亡、凶兆、灾难等。如图 3-2-21。

4. 色彩地理学

色彩地理学的提出者是法国的菲利普·郎科罗。他是世界上第一个从色彩角度向发达的工

---

① 吴丽华 . 婚礼服的历史沿革与创新设计研究 [D] . 苏州大学 , 设计艺术学硕士论文 ,2008.

图 3-2-21　黑色的象征性

业社会提出保护色彩和人文环境的人。

　　色彩学是研究人的视觉发生色彩关系的自然现象的科学。地理学本是以研究如何科学地描述以地球表面为对象的自然科学。色彩地理学是将色彩学与地理学联姻而建立的一门边缘学科，它成功地促进了跨专业操作的色彩设计方法在色彩学、色彩设计界的推广，使得职业化的色彩设计师逐渐从专业设计师的队伍里分化出来。在色彩设计的过程中，自然、人文环境因素对区域人群色彩审美心理的影响越来越受到关注。

　　色彩地理学可笼统地分为三块内容："景观色彩特质"概念为城市色彩研究奠定了基本理论，"色彩家族学说"为色彩审美构成提供基本原则，"新点彩主义"为色彩营造提供一种技术方法。色彩地理学主张对某个区域的综合色彩表现方式（主要是民居）做调查与编谱、归纳的工作，目的在于确认这个区域的"景观色彩特质"，阐述这个区域居民的色彩审美心理。

　　色彩地理学的研究方法通常以调查、测色记录、取证、归纳、编谱、总结色彩地域性特质等实践方法为主要研究形式，综合某一区块色彩调查的结果，总结出该地域的色彩构成情况。以便让人们了解、认识该区域的色彩特质，为维护景观色彩特质提供现实依据；为其他项目的色彩设计提供案例；比较其他地域的色彩差异性，引导人们学会多样性地认识自然与人文景观。

　　在研究流行色时，人们往往忘记了那个相对于流行色的非流行色要素，这个景观色彩特质其实就是特定地域中的相对稳定的非流行色要素，它反映了特定地域中人们比较稳定的传统的色彩审美观念。当设计师具有了这种"色彩地理学"意识，就很容易把握产品所要销售地区人们的消费喜好和基本心理，有效地控制色彩设计风格流行趋势。

5. 流行色的发展与演变

色彩趋势的发布往往早于成衣发布两年,因此,其对市场的影响是一个渐变的过程。同时色彩趋势往往涵括几组不同类型的趋势,以迎合不同消费群体对不同产品的需求。

流行色在一定程度上对市场消费具有积极的指导作用。每一季最新的流行色总会带动由流行色推动的相关产业发展。吸收最新流行色的新产品能够吸引消费者的目光,并且结合流行色的产品往往市场反馈良好。随着流行色的不断更替变换,人们对于颜色的选择也会改变,这也必然导致不再处于流行色顶端的相关产品的受欢迎程度下降,随之价格降低。在国际市场上,特别是欧美、日本等一些消费水平很高的市场,消费者对流行色的敏感度更高。

根据 WGSN 发布的 2023 春夏色彩趋势报告,可以发现 2021 春夏至 2023 春夏色彩趋势的演变过程。2021 春夏,含复杂橙色调的火焰红颇具新意,深红色则偏向于棕色调;2021/2022 秋冬,红色持续席卷各大市场与品类。作为这一季的关键色彩,血石红可完美适配各种色调。2022 春夏,血石红持续风靡,光亮日落色也不失为自然而质朴的色彩之选。2022/2023 秋冬调色板新增了另一款深红色,即暗樱桃红。红色正演变为更经典、更精致的色调。2023 春夏诸如魅惑红的鲜明原色红卷土重来,常辅以经典而浓厚的血石红。如图 3-2-22。

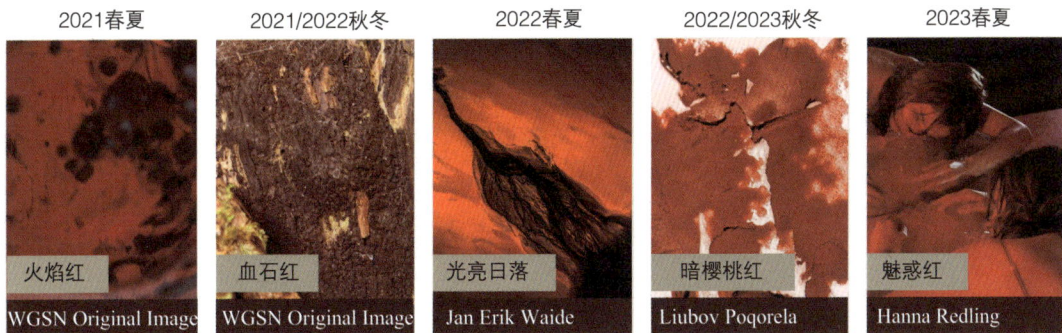

图 3-2-22　WGSN2021 春夏季——2023 春夏季红色演变

2021 春夏,黄色持续风靡市场,诸如柠檬冰沙黄的柔和色调极具新意。绿色调的螺旋藻颇具天然气息。相比前几季,2021/2022 秋冬黄色热度有所下降,其色彩也更加多样。2022 春夏黄色以更柔和、更温暖的色调回归。作为这一季的关键色彩,黄油色反映出低饱和色彩日渐流行,极具商业吸引力。2022/2023 秋冬,黄色调或继续向低饱和色彩演变,充满暖意的金黄色现已回归市场。暖色调持续挺进 2023 年,包括蜂巢色与赭石色调的日暑黄,表明原色调正卷土重来。如图 3-2-23。

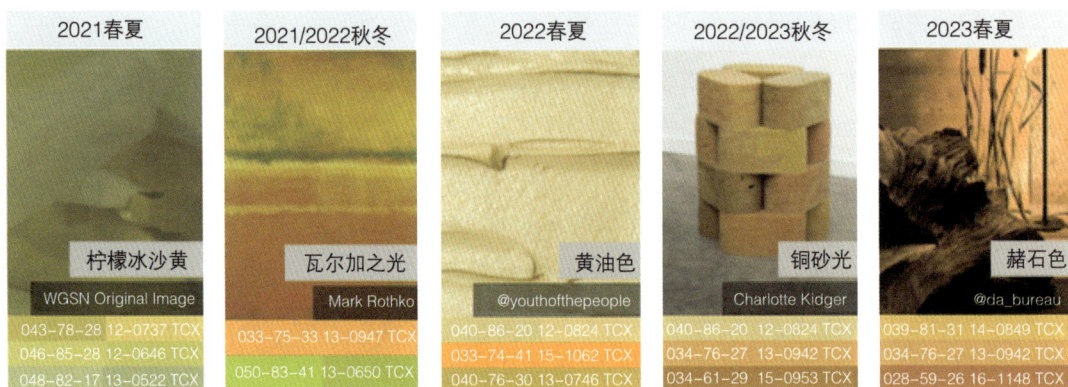

图 3-2-23 WGSN2021 春夏季——2023 春夏季黄色演变

作为必备色彩,粉色尽管表现稍有回落,但其热度仍将延续下去。2021 春夏,粉色将演变为更饱和、更深浓的色调。2021/2022 秋冬,粉色将携个性风尚回归,主要表现为这一季的关键色彩,即电光玫红色。多样化色彩体现了市场对柔和饱和色的需求。2022 春夏,蝴蝶兰成为这一季最具前卫感的粉色调。2022/2023 秋冬,粉色仍然极为关键,除了依旧流行的蝴蝶兰,甜菜根色也极具看点。甜美珊瑚色的流行标志着暖调中粉色正式回归市场。2023 春夏,粉色仍然至关重要,并逐渐分化为暖色调与冷色调。蓝调粉将演变为灯笼海棠,而珊瑚粉或演绎成更加鲜艳的粉红潘趣酒色。如图 3-2-24。

图 3-2-24 WGSN2021 春夏季——2023 春夏季粉色演变

▶▶ 二、服装流行的面料趋势要素

(一)服装面料的发展与演变

服装可从一个侧面映射一个时代的文明和技术水平,而服装所使用的面料则反映了所处时代的文化状况及穿着者的社会地位。在气候、时尚、宗教和生态系统的影响下,不同的文化以不同的服装及面料形态呈现出来。

石器时代,织物在中东首次出现,有证据表明早在 5 万年前就有人穿着由皮毛、毛皮和芦苇组成的衣服。最早发现的缝纫针可以追溯到公元前 19000 年左右的法国,在格鲁吉亚共和国的史前洞穴中发现的染色亚麻纤维已有大约 36 000 年的历史,在捷克共和国发现的编织物品,可以追溯到 27 000 年前的黏土上的纺织品、篮子和网。大约 25 000 年前,维纳斯小雕像开始出现在欧洲,它们被描绘成身着衣服,戴着帽子,腰间系着腰带,胸前系着一条布带的形象。

织物的性质取决于可用的染料和纺织品类型,丝绸、羊绒和羊毛是动物纺织品的好例子。植物纺织品由棉花、稻草、橡胶或竹子制成,矿物纺织品由玻璃纤维、石棉或金属纤维制成。植物纺织品出现的时期较早,而矿物纺织品的历史较短。

羊毛:人类利用羊毛可追溯到新石器时代,随着时间的推移,饲养技术不断进步,羊毛纤维的质量也不断提高。由于绵羊品种的多样性,欧洲有 200 多种羊毛可供选择。

亚麻布:亚麻布是从新石器时代开始在古埃及制造的,亚麻种植得更早。古埃及也掌握了不同的纺纱技术,如落锭纺、手拉手纺、在大腿上滚动,以及大约来自亚洲的水平地面织机和垂直两梁织机。古埃及人还使用亚麻布制作木乃伊的绷带以及短裙和连衣裙。法老和死者的衣服,多采用亚麻布以裙子、衬衫和绷带的形式出现。在罗马时代,它被广泛用于内衣;到了中世纪,亚麻布依然主要用于制作内衣;如今,亚麻布主要用于床上用品。

丝绸:中国最早的丝绸生产证据可以追溯到公元前 5000 年至公元前 3000 年。丝绸是蚕的产物,是蠕虫用来制作茧的蛋白质纤维。三角形的蛋白质分子就像棱镜一样折射照射到丝绸上的光线,产生丝绸的光泽和色彩。最好的纤维来自桑蚕,公元前 114 年左右,汉朝皇帝开始了丝绸之路。丝绸之路对于东西方之间的纺织品交流非常重要。

棉花:从公元前 5 世纪起,中国、印度和埃及就开始纺织和编织棉花。公元前 400 年左右,印度大规模种植棉田,使用巨大的轧棉机来制作纤维。公元 17 世纪末以来的棉织机彻底改变了棉花工业。

不同时期面料在服装上的表现形式也各不相同。

1. 中国面料发展与演变

(1) 先秦

中华民族服饰历史悠久。最早在《吕览》和《世本》中便有"胡曹作衣""伯余、黄帝制衣裳"的记载,讲的是黄帝的臣属胡曹和伯余开始制作衣裳。1983 年,辽宁省海城市小孤山遗址出土了 3 根骨针,年代距今约 3 万年,表明原始时期人类以兽皮为材料,以骨针为工具制作衣裳。中国是最早养蚕和纺丝的国家,据考古发现,余姚河姆渡遗址出土刻有蚕纹的象牙盅、山西仰韶文化遗址中出土有蛹形陶饰;在距今 5300 至 5500 年的仰韶文化汪沟遗址中发现有丝织品,这是目前发现的世界范围内最早的丝织品。丝绸种类繁多,主要有帛、绢、缦、绨、素、缟、纨、纱、縠、绉、纂、组、绮、缣、绡、绫、罗、绸、锦、缎等二十余种。如图 3-2-25[1],图 3-2-26[2]。

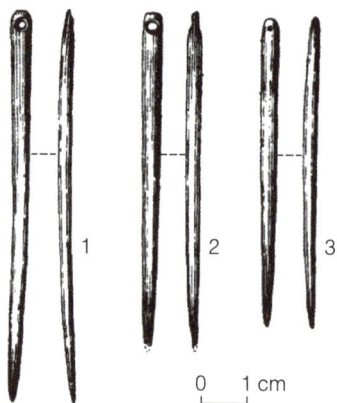

图 3-2-25　海城小孤山出土骨针

图 3-2-26　河姆渡遗址出土刻有蚕纹的象牙盅

丝绸被认为是最高等级的服装材质,统治者根据服装的材料、质地和数量的差别来区分身份的高低尊卑,《尚书》中记载"舜修五礼,五玉三帛",《说苑》称禹"世阶三等,衣裳细布",因此有"黄帝、尧、舜垂衣裳而天下治"的说法,服装的形制规定到周朝逐渐成熟。

(2) 秦汉

到秦汉时期,服装工艺更为发达,提花与刺绣技术广泛应用。巨鹿人陈光宝之妻以一百二十镊的绫机织成各式各样花纹的绫锦,一匹价值万钱。1995 年 10 月,中日尼雅遗址学术考察队成员在新疆和田地区民丰县尼雅遗址一处古墓中发现一张织有"五星出东方利中国"的织锦护臂,除文字外,织锦上还有云气纹、鸟兽、辟邪和代表日月的红白圆形纹等,展现了秦汉时期高超的纺织工艺。马王堆墓出土有完好的绢、纱、绮、锦、麻布等织品,并以织、绣、绘、印等技术制成各类动物、云纹、卷草、菱形等花纹。秦汉时期,服装在结构上也有重大突破,江陵楚墓出土的素纱棉袍 N1 的上衣是由 8 片正裁的素绢衣片缝制而成,并且有明显的"省"的作用。如图 3-2-27[3],图 3-2-28。

[1] 黄慰文,张镇洪,傅仁义,陈宝峰,刘景玉,祝明也,吴洪宽.海城小孤山的骨制品和装饰品[J].人类学学报,1986(03)。

[2] 贾玺增.中外服装史[M].上海东华大学出版社,2018 年版,18 页。

[3] "五星出东方利中国"织锦护臂[J].文物,2020(05).

图 3-2-27 "五星出东方利中国"织锦护臂局部与整体

图 3-2-28 素纱棉袍 N1

(3) 隋唐宋

隋唐时期的纺织品名目繁多,种类丰富,主要是麻织品和丝织品。当时出现的纬锦标志着这一时期提花技术的重大变革。在中原地区,蚕丝是丝绸的主要原料,而在丝绸贸易中通常会与当地原料相结合,比如在丝绸中加入棉麻毛料等,丰富了丝织品的种类。据记载,丝绸之路重镇敦煌、吐鲁番等地,也出现了来自中亚的胡锦、波斯锦等丝绸面料。此外,丝绸的图案也融合了当地的民俗特点。从阿斯塔那墓群出土的丝织品纹样可以看出,中原对波斯联珠纹的改造,使其更加具有中原特色。如图 3-2-29[1],图 3-2-30[2]。

---

① 赵丰.唐系翼马纬锦与何稠仿制波斯锦[J].文物,2010(03).

② 达瓦加甫·乌吉玛.阿斯塔那—哈拉和卓古墓群出土丝织品纹样特征探讨[J].北方民族考古第2辑,2015(09).

图 3-2-29 联珠花鸟纹波斯锦

到了宋朝,海上丝绸之路逐渐取代陆上丝绸之路,成为对外贸易的主要通道。这一时期的丝织品主要包括:绫、绮类单层提花织物,纱、罗类绞经织物,以及染缬、印花、缂丝、刺绣类等织物。南宋时期,缂丝又与书画艺术紧密结合,具有较高的艺术水平和审美价值。朱克柔的《莲塘乳鸭图》《牡丹图》等都是缂丝中的精品,可夺丹青之妙。如图 3-2-31[1]。

(4) 元明清

元代多民族文化交融的时代特征和宗教信仰自由的开放政策丰富了元代的纺织品。其中独具特色的首先是织金锦。故宫博物院藏有一件元代织金锦佛衣披肩,面料以红色为地,用金线织出团龙、团凤的主纹,以龟背做辅纹。其次是缎纹组织在高档丝织品中的成熟和流行。另外,缂丝和刺绣也有一定的发展。如图 3-2-32[2]。

至明代,传统的丝织工艺已达到登峰造极的地步,此时蒙元文化下的西域特色逐渐消失,整体的服饰和丝绸风格开始变得庄重敦厚。明代织锦盛行,异彩纷呈,包括彩丝锦、妆花锦、宋锦、蜀锦等。罗织物在宫廷得到广泛使用,这一时期的罗织物多为结构简单的二经绞的横罗。

清朝是我国古典丝织锦发展的巅峰时期,数千年的宽袍大袖,被衣身修长、衣袖短窄的满装所取代,如旗装的出现,一方面是由于实现了多民族的整合创新,另一方面随着技术的发展,清朝的织机技术也达到了顶峰。如图 3-2-33[3]。

图 3-2-30 阿斯塔那墓群出土的联珠纹纹样

---

[1] 夏岛 . 浅论南宋缂丝的绘画性[D].西安美术学院,美术学硕士论文,2016.

[2] 尚刚 . 纳石失在中国[J].东南文化,2003(8).

[3] 屈杨 . 清代女装缘饰分析及其在服装设计中的创新应用[D].北京服装学院,设计艺术学硕士论文,2014.

图 3-2-31 缂丝《莲塘乳鸭图》(左)和《牡丹图》(右)

图 3-2-32 元代织金锦佛衣披肩及局部细节

图 3-2-33 清朝女子旗装

(5) 近代中国

在近代服饰发展史中,服饰材料的开发和继承有着划时代的变革,而纺织品的开发始终占据主要地位。中国近代纺织业生产大致分为三个时期:1840—1870年手工机械纺织生产时期,帝国主义倾销洋缎、洋绸、羽毛绸、洋湖绉面料于中国市场,对土纱、土丝、土布、土绸造成冲击。

图 3-2-34 1947 年棉纺织品外销统计

1871—1936年大工业化纺织生产时期,动力纺织机器从西欧引入,面料变薄变宽,色织、提花增多,人造丝的出现和化学染料使用,促使新型面料出现。同时,新文化运动不断深入,人们思想空前解放,新的审美观念逐渐树立,促进了西服业及时装业的发展。1937—1949年大工业化纺织生产的后期,地方民间手工纺织物蜀锦、云锦等闻名国内外。总体来说,近代服装纺织品开始注重与国际技术交流,如图3-2-34[1],为1947年的国内棉纺织品外销情况,该记录表明自开放纺织品外销以来,至1947年11月1日止,外销总额达一千万美元,是我国对外贸易史上工业品出口的一大成就。

(6) 新中国成立后

新中国成立后,老百姓衣食住行也悄然发生了变化。20世纪50年代,青年被中山装、列宁装、工装裤、"布拉吉"吸引;20世纪60年代物质匮乏时期,军便装缝缝补补又三年;20世纪70年代刮起了"的确良"风,这种化纤布料,色彩鲜艳,备受追捧;20世纪80年代厚底鞋、喇叭裤成为潮流。20世纪90年代服装讲究品位,突出个性,闪亮、斜肩、荷叶边元素无处不在。进入21世纪,科技飞速发展,人工合成纤维、尼龙、涤纶等新型面料被开发出来,设计流程自动化,大数据、智能3D,使服装更加多变,为服装设计师带来新的创作思路和灵感。目前我国已拥有一批属于自己的原创设计师,将具有中国特色的服装推向了国际,使中国服装在国际竞争中更具优势。如图3-2-35[2]。

图 3-2-35 3D 打印的旗袍

---

① 国内经济(十一月一日至十五日):棉纺织品外销统计[N].兴业邮乘.第146期卷。

② 上观新闻.从唐服到3D打印旗袍,这个穿越古今的服饰展[Z],2019(09).

2. 西方面料发展与演变

(1) 古希腊、古罗马时期

古希腊和古罗马时期喜欢用宽大的、未缝制的矩形面料来制作他们的衣服，通过在人体上披挂、缠绕、束带等方式，形成特殊的服装风貌。古希腊的衣服是用羊毛或亚麻布制成的，用带装饰的别针固定在肩膀上，并用腰带系在腰带上。女性穿着称为"佩普洛斯"(Peplos)的宽松长袍，男性披风称为"短外套"(Chlamys)，而男性和女性都穿着希顿(Chiton)——一种男性穿着短至膝盖而女性穿着长到地面的束腰外衣。自由罗马公民所穿的古罗马长袍也是一块未缝制的羊毛布。在长袍下，他们穿着一件简单的束腰外衣，由两个简单的矩形布在肩部和两侧连接而成。罗马妇女穿着垂褶的"Stola"或长到地面的束腰外衣。如图 3-2-36。

图 3-2-36　身着希顿(Chiton)的雕像

(2) 中世纪时期

在没有化纤和混纺技术的中世纪时期，亚麻和羊毛成为西方最常见的面料。亚麻的价格相对来说，较为便宜，但由于亚麻具有透气、干爽的特性，导致其无法抵御严寒。为了度过寒冬，中世纪的人们常使用羊毛来制作服饰。羊毛的普及得益于欧洲历史悠久的绵羊养殖业，不管是平民百姓还是达官显贵都可能负担得起羊毛面料。在中世纪盛期的欧洲，羊毛一度成了欧洲的经济命脉。由于羊毛可以抵挡严寒以及防水的性能，一般被用来制作外套、斗篷、帽子等外穿服饰。在 12 和 13 世纪，欧洲的服装仍然很简单。13 世纪，羊毛的染色和加工技术得到了改进。除了亚麻和羊毛这两种常见面料外，丝绸这种更为贵重的面料也常被中世纪的贵族所使用。到了十字军东征时期，欧洲的丝绸工艺已经相对成熟。用丝绸制成的衣服不仅颜色艳丽，而且具有特殊的光泽感。除了贵族们的日常服装以外，丝绸也会被用来制作罩袍、武装衣等军用装备。在中世纪时期，拜占庭人制造并出口了图案丰富的布料。如图 3-2-37[1]。

图 3-2-37　身着麻制长袍的女人

---

① 电影《重返中世纪》剧照。

(3) 文艺复兴时期

文艺复兴时期用作服饰面料的染织工艺得到了很大的发展,这得益于新航道的开辟和新大陆的发现,使东方的织锦、丝绸和印度的棉花源源不断地输入欧洲,从而也促使欧洲本土面料的奢华程度不断提升。文艺复兴时期,人们追求个性,反对宗教对人的束缚,开始通过服装表现人体的线条美,而非像中世纪那样把人的形体层层掩盖。华丽的织锦和金丝绒成为西方各国权贵们最喜爱的面料。与此同时,羊毛仍然是所有类别中最常见的面料,但也使用了亚麻和大麻。更复杂的衣服被制作出来,城市中产阶级加入了由上层阶级设定的时尚。16世纪早期的现代欧洲形成了更复杂的时尚,包括荷叶边、针花边。文艺复兴对服装的影响深远,服装的本质被发掘并予以美化和世俗化,但是部分服装忽略了服装的实用功能而盲目追求视觉享受,这也为后续西方服装中的夸张形式做了铺垫。

(4) 工业革命时期

工业革命时期,随着殖民地越来越多,商品的需求也越来越大,因此人们发明了飞梭织布机加快了织布的速度。随后,"珍妮纺纱机"的发明极大地提高了生产效率。水力纺纱机和走锭精纺机的出现,使大规模的纺纱工厂兴建起来。工业革命不断催生新的发明,瓦特发明了蒸汽机并用作纺织机械的动力,很快推广开来。至1800年,英国棉纺织业基本实现了机械化,从而生产出质量更好、制作速度更快且价格更低的织物,生产从小型家庭式作坊转向具有装配线的工厂。越来越多的人进入工厂,为了方便,服装开始趋向简洁、实用。洛可可风格逐渐结束,取而代之的是新古典主义,造型极为简练、朴素,强调自然、淡雅、节制的艺术风格。这一时期的女装向古希腊、古罗马的样式倾斜,代表服装是用白色棉布制作而成的修米兹连衣裙,形式宽松,内有衬裙。由于纺织技术的发展,这一时期的面料较薄,所以这个时期也被称为"薄衣时代"。如图3-2-38。

图 3-2-38　改进后的珍妮纺纱机(约 1770 年)

(5) 现代

20世纪中后期以来,纺织品的外观、手感、风格具有明显的交叉性,譬如毛类织物不但兼具丝绸产品的光泽和手感,并且被赋予一些新的功能。这些新的功能指的是红外辐射吸收性、抗静电性、防水性、防油污性等,这也是国际面料市场形成的普遍概念。追求功能性的发展趋向导致天然纤维面料面临挑战,人们对面料的要求已经不再是只有保暖、遮蔽等基本功能。比天然纤维便宜的合成纤维被发明,并与许多天然纤维混合。随着科学技术的发展及其在服装面料上的应用,现代研发出了更多新型的面料,如恒温面料、变色面料等。

(二) 服装面料的基本类型

面料按原材料可分为棉布、化纤布、麻布、毛纺布、丝绸及混纺织物等。按织造方式可以分为梭织布、针织布等。按加工工艺可分为坯布、漂白布、染色布、印花布、色织布、混合工艺布等。

1. 梭织面料

梭织面料是经纬纱线织成的,纱线是绕在梭子上的,所以称梭织。常见的面料如牛仔布、全棉斜纹、平纹、涤纶、涤棉、尼龙塔丝隆等。梭织布大多没有弹性,除非像弹力牛仔布这种加了弹力丝的。梭织面料有三大类,平纹、斜纹、缎纹,并且都会分有弹力与无弹力。弹力有几种叫法:拉架、弹力、氨纶。梭织面料支数越大,所代表的纱就越细,面料就越薄。

(1) 平纹面料

平纹组织是经纱和纬纱一上一下相间交织而成的组织,用平纹组织织成的面料叫平纹面料。平纹组织是所有织物组织中最简单的一种,正反面外观效果相同。如图3-2-39[①]。

(2) 斜纹面料

斜纹组织是经线和纬线的交织点在织物表面呈现一定角度的斜纹线的结构形式,用斜纹组织及其变化组织织成的面料叫斜纹面料。斜纹面料特殊的布面组织令斜纹的立体感强烈,斜纹细密且厚,光泽较好,手感柔软。如图3-2-40[②]。

(3) 缎纹面料

缎纹组织是三种组织中较为复杂的一种。其组织点间距较远,独立且互不连续,并按照

---

① 浙江省杭州观墨文化创意有限公司提供。
② 浙江省杭州观墨文化创意有限公司提供。

一定的顺序排列。缎纹织物的浮长线较长,牢度也最差,但质地柔软,绸面光滑且光泽好。如图 3-2-41[①]。

图 3-2-39　平纹面料　　　　图 3-2-40　斜纹面料　　　　图 3-2-41　缎纹面料

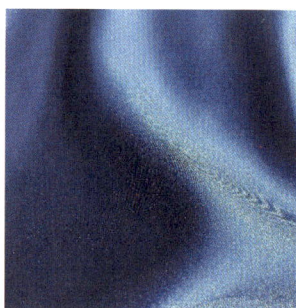

2. 针织面料

针织面料是由线圈相互穿套连接而成的织物,是织物的一大品种。针织面料具有较好的弹性、吸湿透气、舒适保暖,是服装使用较广泛的面料。针织面料,按织造方法分,有经编针织面料和纬编针织面料两类。

(1) 经编针织面料

经编针织面料常以涤纶、锦纶、维纶、丙纶等合纤长丝为原料,也有用棉、毛、丝、麻、化纤及其混纺纱作原料织制的。它具有纵尺寸稳定性好、织物挺括、脱散性小、不会卷边、透气性好等优点。但其横向延伸、弹性和柔软性不如纬编针织物。主要有以下几种:

涤纶经编织物:布面平挺、色泽鲜艳,有厚型和薄型之分。薄型的主要用作衬衫、裙子面料;中厚型、厚型的则可作男女大衣、风衣、上装、套装、长裤等面料。

经编起绒织物:主要用作冬季男女大衣、风衣、上衣、西裤等面料,织物悬垂性好,易洗、快干、免烫,但在使用中静电易积聚,易吸附灰尘。

经编网眼织物:服装用网眼织物的质地轻薄,弹性和透气性好,手感滑爽柔挺,主要用作夏令男女衬衫面料。

经编丝绒织物:表面绒毛浓密耸立,手感厚实、丰满、柔软,富有弹性、保暖性好,主要用作冬令服装、童装面料。

经编毛圈织物:这种织物手感丰满厚实、布身坚牢厚实,弹性、吸湿性、保暖性良好,毛圈结构

---

① 浙江省杭州观墨文化创意有限公司提供。

稳定,具有良好的性能,主要作运动服、翻领 T 恤衫、睡衣裤、童装面料等。如图 3-2-42[1]。

(2) 纬编针织面料

纬编针织面料常以低弹涤纶丝或异型涤纶丝、锦纶丝、棉纱、毛纱等为原料,采用平针组织、有变化平针组织、螺纹平针组织、双螺纹平针组织、提花组织、毛圈组织等,在各种纬编机上编织而成。它的品种较多,一般具有良好的弹性、延伸性,织物柔软,坚牢耐皱。不过它的吸湿性差,织物不够挺括,且容易脱散、卷边,化纤面料容易起毛、起球、勾丝。如图 3-2-43[2]。主要有以下品种:

图 3-2-42 经编针织网眼布　　图 3-2-43 纬编针织冰丝面料

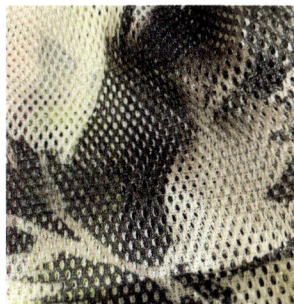

涤纶色织针织面料:织物色泽鲜艳、美观、配色调和,质地紧密厚实,织纹清晰,毛型感强,有类似毛织物花呢风格。主要用作男女上装、套装、风衣、背心、裙子、棉袄、童装等。

涤纶针织劳动面料:织物紧密厚实,坚牢耐磨,挺括而有弹性,若原料用含有氨纶的包芯纱,则可以织成弹力针织牛仔,弹性更好。主要用于男女上装及长裤。

涤纶针织灯芯条面料:织物凹凸分明,手感厚实丰满,弹性和保暖性良好。主要用于男女上装、套装、风衣、童装等面料。

涤盖棉针织面料:织物染色后可作衬衫、夹克衫、运动服面料。面料挺括抗皱,坚牢耐磨,贴身一面吸湿透气,柔软舒适。

造毛皮针面料:织物手感厚,柔软、保暖性好。根据品种不同,主要用于大衣面料、服装衬里、衣领、帽子等。人造皮毛也有用经编方法织制的。

天鹅绒针织面料:织物手感柔软、厚实、坚牢耐磨,绒毛浓密耸立,色光柔和。主要用作外衣

---

① 浙江省杭州观墨文化创意有限公司提供。
② 浙江省杭州观墨文化创意有限公司提供。

面料、衣领或帽子等。它也可以用经编织造,如经编毛圈剪绒织物。

港型针织呢绒面料:它既有羊绒织物的滑糯、柔软、蓬松的手感,又有丝织物的光泽柔和、悬垂性好、不缩水、透气性强的特点。主要用作春、秋、冬的时装面料。

3. 无纺布

无纺布即非织造布,或者叫不织布。因为它是一种不需要纺纱织布而形成的织物,只是将纺织短纤维或者长丝进行定向或随机撑列,形成纤网结构,然后采用机械、热粘或化学等方法加固而成。非织造布突破了传统的纺织原理,具有工艺流程短、生产速度快,产量高、成本低、用途广、原料来源多等特点。如图 3-2-44[1]。

图 3-2-44　无纺布

(1) 水刺无纺布

水刺工艺是将高压微细水流喷射到一层或多层纤维网上,使纤维相互缠结在一起,从而使纤网得以加固而具备一定强力。

水刺无纺布与其他干法无纺布的工艺过程相似,都需要经过原料的准备、开松混合、梳理成网(或气流成网或交叉折叠成网)、水刺加固,然后整理、烘燥、卷取、成品分切检验及包装入库等流程。水刺布的成网方式可以是干法成网,也可以是湿法成网,甚至是熔融纺丝法一步成网。

(2) 热黏合无纺布

热黏合无纺布是指在纤网中加入纤维状或粉状热熔黏合加固材料,纤网再经过加热熔融冷却加固成布。

(3) 气流成网无纺布

气流成网无纺布又可称作无尘纸、干法造纸无纺布。它是采用气流成网技术将木浆纤维板开松成单纤维状态,然后用气流方法使纤维凝集在成网帘上,纤网再加固成布。

(4) 湿法无纺布

湿法无纺布是将置于水介质中的纤维原料开松成单纤维,同时使不同纤维原料混合,制成纤维悬浮浆,悬浮浆输送到成网机构,纤维在湿态下成网再加固成布。

(5) 纺粘无纺布

纺粘无纺布是在聚合物已被挤出、拉伸而形成连续长丝后,长丝铺设成网,纤网再经过自身

---

① 浙江省杭州观墨文化创意有限公司提供。

黏合、热黏合、化学黏合或机械加固方法,使纤网变成无纺布。

(6) 熔喷无纺布

熔喷无纺布主要以聚丙烯为主要原料,纤维直径可以达到1~5微米,空隙多、结构蓬松、抗褶皱能力好,具有很好的过滤性、屏蔽性、绝热性和吸油性。

(7) 针刺无纺布

针刺无纺布是干法无纺布的一种。针刺无纺布是利用刺针的穿刺作用,将蓬松的纤网加固成布。

(8) 缝编无纺布

缝编无纺布是干法无纺布的一种,缝编法是利用经编线圈结构对纤网、纱线层、非纺织材料或它们的组合体进行加固,以制成无纺布。

4. 新型科技面料

新型高科技服装面料指经过特殊加工过程处理后制成的布料,这种布料用途多变,随着科技的进步,新型科技面料被广泛应用于我们的日常生活。

以下列举了部分当下的新型高科技服装面料:

(1) 仿生超疏水面料

仿生超疏水面料表面的孔径能通过汗水而不能通过雨水的特性,有效解决了雨衣闷热不透气的问题。

(2) 阻燃面料

阻燃面料对火焰具有阻燃效果,是用阻燃纤维和阻燃剂加工而成的,常用于消防服、防护服和工业服。

(3) 变色面料

变色面料根据光热等条件发生变色,在交通服、泳装方面的运用很广。

(4) 抗静电面料

这种织物在加工过程中加入了导电纤维,织物具有导电性后不易产生静电和吸附灰尘,防尘服是用抗静电织物制作的。

(5) 保温面料

保温面料可以将太阳能转化为热能,提高服装的保温性,在低温环境下工作的服装需要这样的面料。

(6) 抗菌除臭面料

这种面料具有良好的抗菌性能,多用于手术服和护士服。

(7) 防紫外线面料

在织物生产过程中添加陶瓷粉末,使织物具有防紫外线的作用,运动服和遮阳伞中多使用这种面料。

(三) 面料流行趋势分析

综合中国纺织面料流行趋势研究(Fabrics China)等较为权威的面料流行趋势分析机构的分析,可将 2021 秋冬面料流行趋势总结为以下几部分:

1. 朦胧层叠薄纱

该理念趋势旨在用丰富的层次感与精致的薄纱色彩使超细网眼薄纱与轻薄蕾丝更显轻盈与唯美。此外,除素色以外,可用精致的小波点与枝蕾花卉在薄纱上重复出现,使其在轻盈之外更添浪漫气息。如图 3-2-45[1]。

2. 回收再造理念

该理念趋势旨在对废旧织物进行二次改造,使其价值发挥到最大限度。将库存滞销面料进行创意拼接以及用废弃纱线进行重新编织,重塑粗花呢面料与簇绒面料,打造装饰性面料做旧、磨损外观的同时也迎合当下服装产业环保化趋势。如图 3-2-46[2]。

3. 塑制光感涂层

该理念趋势旨在开发强调环保功能性的可生物降解光面涂层,代替传统 PVC 材质、化学涂层,用回收的塑料纱线融入新式粗花呢的制造,为经典皮革与格纹带来科技革新。如图 3-2-47。

4. 丝质绸面绗缝

该理念趋势受复古床品风格启发,追求更为精致细腻的绗缝效果,通过丝质夹棉绗缝面料迎合舒适家居主题,以丝光感更新传统菱格夹棉绗缝,为夹棉单品带来精致感与华丽气息。如图 3-2-48[3]。

---

[1] 浙江省杭州观墨文化创意有限公司提供。
[2] 浙江省杭州观墨文化创意有限公司提供。
[3] 浙江省杭州观墨文化创意有限公司提供。

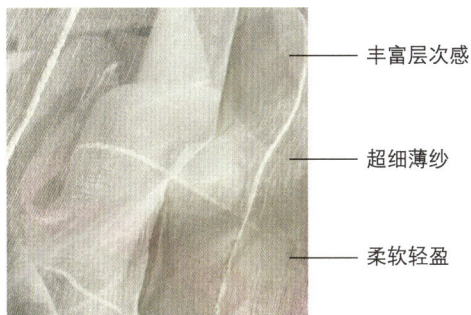

丰富层次感

超细薄纱

柔软轻盈

图 3-2-45 薄纱面料趋势

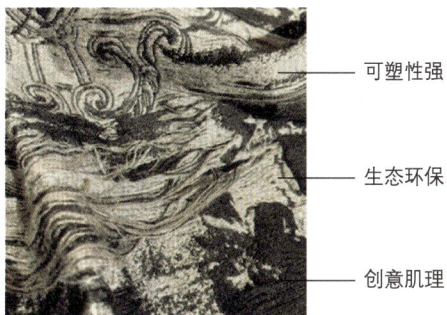

可塑性强

生态环保

创意肌理

图 3-2-46 再回收面料趋势

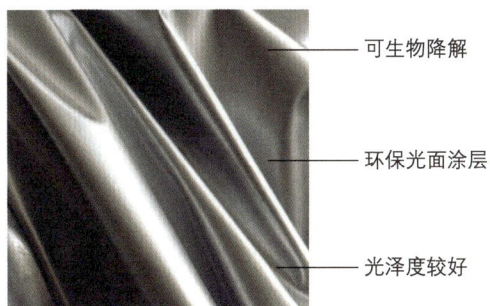

可生物降解

环保光面涂层

光泽度较好

图 3-2-47 环保 PVC 面料趋势

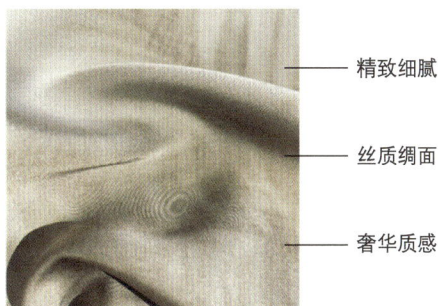

精致细腻

丝质绸面

奢华质感

图 3-2-48 丝绸面料趋势

5. 花卉意象植入

该理念趋势从手绘墙纸及花朵压烫汲取灵感,以内嵌或提花打造精致复古的花卉意象,塑造柔弱细腻的立体花卉视觉。主要以棉、真丝与环保粘胶纱线打造超轻欧根纱,运用柔弱立体的花卉元素打造梦幻轻盈的浪漫形象。如图 3-2-49。

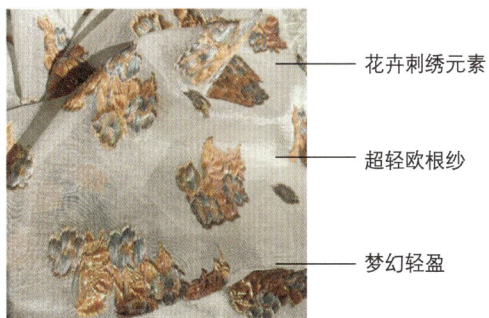

花卉刺绣元素

超轻欧根纱

梦幻轻盈

图 3-2-49 欧根纱面料趋势

▶▶ 三、服装流行的廓形趋势要素

1. 服装廓形的基本分类

服装廓形是服装款式造型的第一要素。简单来说,廓形就是全套服装外部造型的大致轮廓。廓形是服装造型的根本,它进入人们视觉的速度和强度高于服装的局部细节,地位仅次于色彩。因此,从某种意义上来说,色彩和廓形决定了人们对服装的总体印象。

服装廓形的变化影响着服装流行时尚的变迁,如 20 世纪 40 年代的 A 形,50 年代的 X 形,60 年代的 H 形等,流行款式演变的最明显特点之一即廓形的变化。

服装外轮廓(Silhouette)原意指影像、剪影、侧影、轮廓,在服装设计中表述为外形、外廓线、大形、廓形等。服装外轮廓是一种单一的色彩形态,人眼在没有看清款式细节前首先感知外轮廓。

决定服装廓形变化的几个关键部位有肩、腰、臀以及服装底摆。服装廓形的变化,也主要是对这几个部位的强调或弱化,因其强调或弱化的程度不同,形成了各种不同的廓形。廓形是服装造型的基本要素,也是对所有的服饰外轮廓进行的简洁、扼要的概括。

服装廓形的主要类型有:

按字母形状分:A 形、H 形、O 形、T 形、X 形五种,还有 S、V、Y 等。

按几何形状分:椭圆形、圆形、正方形、长方形、三角形、梯形、球形等。

按物体形状分:气球形、钟形、木栓形、磁铁形、帐篷形、陀螺形、圆桶形、篷篷形、郁金香形、喇叭形、酒瓶形等。

常见的五种服装廓形,分别是 A 形、H 形、X 形、T 形、O 形。如图 3-2-50。

(1) A 形

A 形是从上至下像梯形逐渐展开贯穿的外形,以不收腰、宽下摆,或收腰、宽下摆为基本特征。上衣一般肩部较窄或裸肩,衣摆宽松肥大,裙子和裤子均以紧腰阔摆为特征。整个廓形类似于大写字母 A。如图 3-2-51。

(2) H 形

H 形是一种平直廓形。上衣和大衣以不收腰、窄下摆为基本特征。衣身呈直筒状,裙子和裤子也以上下等宽的直筒状为特征。它弱化肩、腰、臀之间的宽度差异,外轮廓类似矩形。整体类似大写字母 H,具有挺括简洁之感。总体上穿着舒适,风格轻松,具有利落、洒脱的特点。如图 3-2-52。

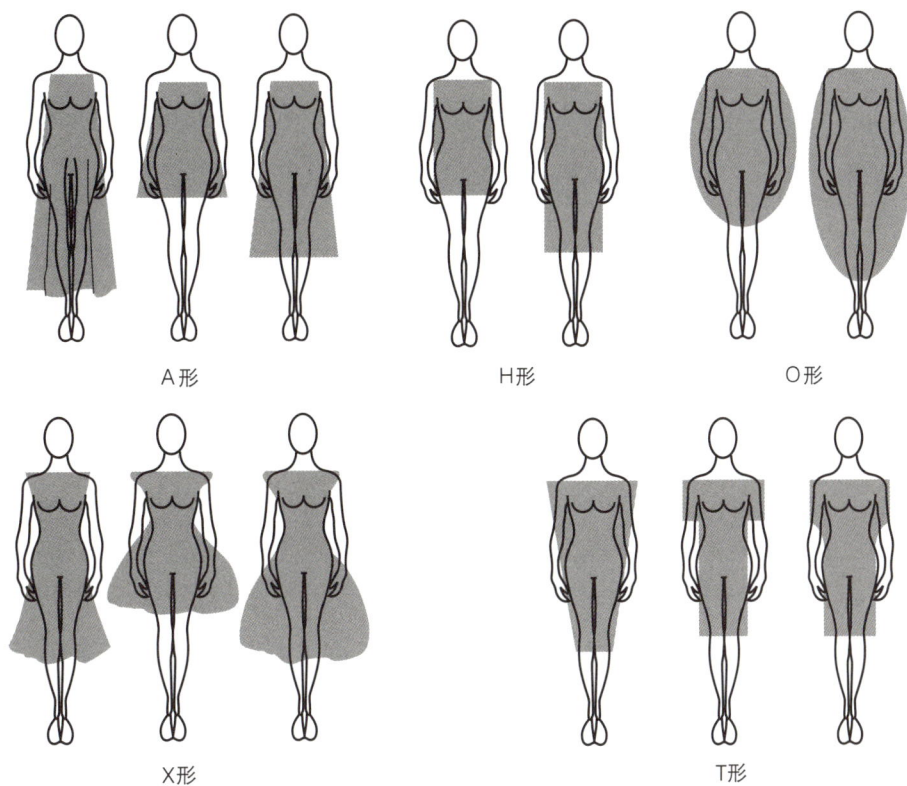

A形　　　H形　　　O形

X形　　　T形

图 3-2-50　五种常见的服装廓形

图 3-2-51　亚历山大·麦昆 2021 年度假系列

图 3-2-52　麦丝玛拉 2020 年秋季作品（Max Mara Fall 2020）

(3) O 形

O 形类似上下口线收紧的椭圆,肩部、腰部以及下摆没有明显的棱角,特别是腰部线条松弛,不收腰,整体造型较为丰满、圆润。O 形线条具有休闲、舒适、随意的性格特点。它呈现出圆润的"O"形观感,可以掩饰身体的缺陷,充满幽默而时髦的气息。如图 3-2-53。

(4) X 形

X 形是通过强调胸腰臀差形成的造型。X 形的特点是肩部高耸,臀部呈现自然形态,并且在腰部收紧从而勾勒出女性身材的曲线,充分塑造出女性柔美、性感的特点。如图 3-2-54。

(5) T 形

T 体形与 A 体形相反,与纤瘦的下半身相比,上半身显得过于臃肿,容易产生头重脚轻的感觉,肩膀过宽与胸部丰满是主要困扰。虽然不似 H 体形与 X 体形容易穿搭,挑对正确的款式也能够穿出惊艳时髦的效果。T 形廓形是一种上宽下窄的类似于倒梯形或倒三角形的外轮廓,在设计中强调肩部造型,呈现出大方硬朗的设计风格。T 形外轮廓较宽松,通常会是连体袖或者插肩袖的设计。T 形廓形表现出强烈的男性特点,所以常常出现在男性服装设计中。其夸张的肩部设计也常常被应用在职业女装设计或较为夸张的表演服和前卫服饰设计中。如图 3-2-55。

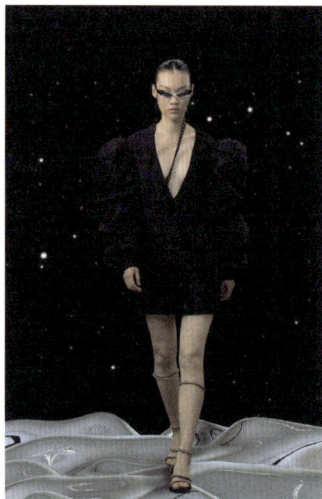

图 3-2-53　杨子 2021 年春季
(Annakiki Spring 2021)

图 3-2-54　艾绰 2021 年春夏
(Etro Spring/Summer 2021)

图 3-2-55　巴黎世家 2020 年春季
(Balenciaga Spring 2020)

2. 服装廓形趋势变化

茧式生活趋势下,随着家庭空间不断转型为办公、健康和娱乐中心,在不断变化、交融互通的生活中,设计能否百搭和提升价值成了评价时尚、饮食、美妆和室内设计等各类产品的标准。这一积极乐观趋势的核心是打造精心设计的基本款,为每日生活带来个性和欢乐。该廓形主题强调无棱角、温暖、新奇、令人安心且经久不衰的简洁舒适设计。

纵观各级市场,缩减开支的消费者越来越重视性价比,特别是外套等大件单品,不受季节限制的经典款式将加速席卷市场。新意设计是刺激消费的必要条件,但必须新款足够经穿,不会使人在下一季感到格格不入。采用正式、休闲两相宜的多用单品,特别是"一衣多穿"款式,可以构建百搭经典系列。

采用简单廓形打造经久耐穿的款式,并通过简洁而考究的细节呈现新意。简洁宽松的剪裁兼具舒适度与优雅感,便于穿着,适合大多数身材,如采用混搭风上衣,搭配洋裁斜纹布裤及休闲鞋品。参考戴安娜王妃、卡罗琳·贝塞特·肯尼迪等人的标志性的 20 世纪 90 年代休闲造型。

以某品牌为例,其推崇"自然、健康、完美"的生活方式,该品牌风格以简约为主,其廓形偏好为简约舒适的 H 形、A 形。根据其往年发布的主题与近期发布的最新 FW21 主题——梦,以绿色海水、沉默等小主题可以推测其未来趋势与自然紧密联系。廓形延续往期,仍以舒适和高品质的 H、A 形为主。

3. 廓形趋势分析

未来廓形趋势可总结为以下几部分:

(1) H 形:刚柔并济

人们追求舒适生活,也在乎轻奢品味。奢华、时尚、典雅,是皮草给人的感觉。设计师打破传统,以 H 形为主,不收腰、直筒型为主,打造宽松的版型,追求舒适与自由,将经典款式与主流廓型的刚柔并济相结合,形成 2021/2022 女装廓形的主打方向。如图 3-2-56。

(2) A 形、X 形:时间造物

该主题诠释用时间造物的专注精神,花花世界,处处流光溢彩,这是个物质极度丰富的年代,每个人都有多样的选择。而一生只做一件事,把它做到极致、精致,做到他人无法企及的高度,则是需要靠日积月累,造就最后的精品。该主题以 A 形为主,X 形为辅,肩部较窄,下摆宽松,呈现 A 字,打造浪漫精致的版型,将传统与浪漫结合,展现女性柔美。如图 3-2-57。

图 3-2-56　2021/2022 女装廓形方向

图 3-2-57　2021/2022 女装廓形方向

(3) X 形：舒适共存

　　受极简主义影响，该主题更加注重款式的实用性和多场合穿着性，并且更加关注款式的空间结构。以 X 形为主，腰线收紧，夸张的肩线与收紧的腰线形成对比，除了塑造女性柔美性感的身体曲线之外，还诠释了女性硬挺坚强的外形。如图 3-2-58。

图 3-2-58　2021/2022 女装廓形方向

第三节　品牌流行趋势要素的综合分析与设计提案

综合以上章节中的各种信息收集手段与分析方法,尝试进行服装流行趋势的预测。服装流行趋势的预测,是一个综合的、复杂的、充满不确定性的过程,其结果也是见仁见智。通过该课程训练,重点使同学们厘清各分析要素之间的互相影响关系,从而在一定程度上掌握服装流行趋势的预测方法。

训练内容:本小节拟通过"基于现有品牌的趋势预测提案"和"基于创制品牌的趋势预测提案"两个课程训练来进行。学生自由组队,每五个同学组成一个小组,分工合作,进行趋势提案的设计,并最终形成 PPT 演讲稿,进行课堂分享。

要求:清楚呈现小组成员使用所学方法进行趋势预测和进行服装设计的逻辑过程。

▶ 一、基于现有品牌的趋势预测提案

1. 提案分析内容及过程

在该课程设计中,首先由学生根据日常生活经验并结合所在城市的实际情况,择定一个服装品牌,对该品牌进行如下分析。

(1) 品牌调研

① 线上调研

品牌基础信息:创立时间、产地、品牌理念、品牌定位 / 释义。

品牌运营信息：运营状况（线上线下店铺开放情况、官网资讯更新速度）、关键意见领袖（KOL）推荐情况、客户评价等。

② 线下调研

实体店铺：店铺所处的城市区域、店铺面积、店铺陈列概念（陈列设计）、店铺装潢风格等。

产品状况：上新速度、产品质量、产品种类、产品风格、品牌核心单品的价格区间、产品与最新时尚潮流的匹配度（时尚追踪情况）等。

品牌认知：消费群体稳定性、品牌影响力、宣传力度等。

(2) 竞争品牌分析

相同价位区间的其他品牌状况综合对比，使用态势分析法（SWOT），对客单价、成熟度、更新速度、时尚度、售后好评、忠诚度等多方面进行比较，定位选定品牌的市场情况。

(3) 形成目标消费人群画像

调研消费者日常行为、年龄、购买意识、喜好品牌、喜好杂志、喜好运动、喜好的影视剧、职业、收入、收入中用于服饰品的比重，性格特征、家庭观念、工作观念、衣着习惯（时尚选择）、饮食习惯（生活方式）、交际习惯等，也可自由拓展调研内容，以全面描绘一个消费者为目标。

调研信息汇总与整理，可以从人口、地理、心理、行为分析四个视角发散思考，制作思维导图，获取 3~5 个设计关键词。

(4) 确立设计主题与灵感板

通过已获取的关键词，确立主题，寻找对应图片并建立灵感板。

(5) 服装流行趋势分析

根据为该品牌设计的主题，以灵感板作为参考，进行流行色分析、面料分析、廓形分析。

(6) 服装设计作品设计稿绘制（3~5 套）

(7) 最终提案展示

以 PPT 形式展示上述提案分析过程。

2. 课程案例展示

(1) 确定调研对象

调研对象：该小组成员通过讨论，选取 B 品牌作为小组的提案设计对象。如图 3-3-1。

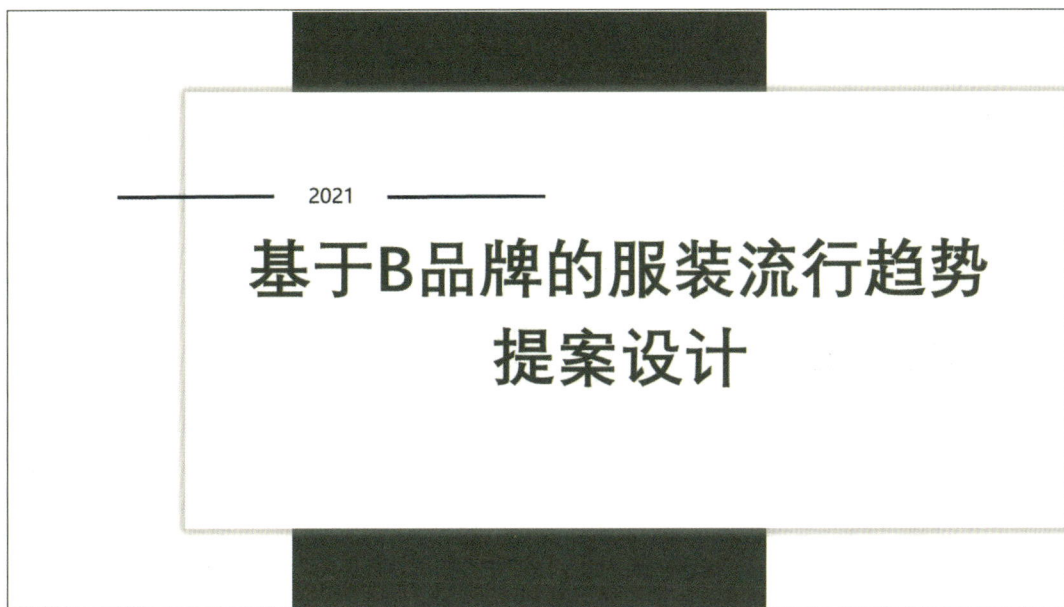

图 3-3-1　基于 B 品牌的服装流行趋势提案分析

（2）品牌调研

① 线上调研

创立时间：2006 年

归属地：中国浙江温州

主营：成人男女服饰及衍生搭配单品

核心单品价位区间：800~1 200 元

品牌理念：传递流行时尚理念，倡导精致美丽生活；呈现多元化（自由、浪漫、个性）的自主设计服饰品牌，领先潮流的时尚理念；为都市轻熟女营造私家衣橱般的着装体验。

品牌释义：

"愉悦"：生活方式轻松自在、愉悦；"个性"：时尚观点与众不同、自信且独特；"潮流"：时尚优雅，风格多元混搭。

产品风格：与国际时装潮流同步，自然、复古、优雅、休闲个性。

网络营销情况：

淘宝：好评百分比 85%；差评主要是部分单品质量差（掉毛、面料扎皮肤）、发货速度慢、客服态度不好。

微信公众号："PIT 官方服务号"，品牌官方微信公众号每周更新；好评百分比 100%。

抖音官方：PIT 女装（温州地区）

京东：无店铺；唯品会：无店铺；当当：无店铺；小红书：无店铺。线上调研情况，如图 3-3-2。

图 3-3-2　线上调研

② 线下调研

实体店铺状况：

目前在全国 9 个省份设有线下实体店铺：浙江 56 家，江苏、江西、四川、福建各 2 家，河南 1 家，上海、湖南、湖北等地将陆续开设实体店铺[①]。产品每周上新，更替周期短，典型的快时尚品牌特征。

门店调研：

调研地点：杭州下沙龙湖天街 2 楼

调研时间：2021 年 8 月 9 日晚

店铺内部平面图：线下调研与店铺平面图。如图 3-3-3。

---

① 官网数据，截至 2021 年 8 月 20 日。

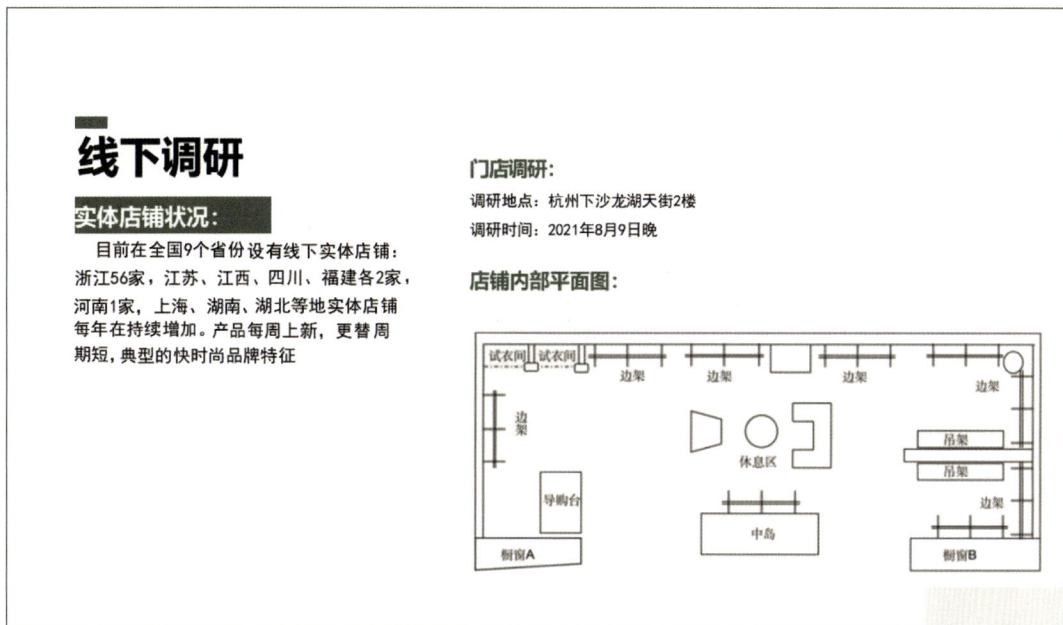

图 3-3-3　线下调研与店铺平面图

橱窗陈列方式：场景式陈列

店内陈列方式：以同色系搭配陈列为主，一般以一货杆、一个中心色配以两个基础色。

陈列细节：多侧挂陈列，一杆 5~7 件单品，尺码以 s 码为主

主要色系：黑、白、粉色、浅蓝、咖色

主要面料：棉、锦纶、氨纶、聚酯纤维（雪纺）

款式特点：夏季以 A 型迷你裙、X 型连衣裙为主

试衣间装置精致，顾客在店铺内能够通过环境感受到空间与服饰带来的愉悦满足感。如图 3-3-4。

(3) 竞品分析

根据市场的平行分析，将 B 品牌与 ZARA、URBANREVIVO、FREVER21 等相同价位区间的品牌状况综合对比，基于客单价、成熟程度、更新速度、时尚程度、售后好评率、顾客忠诚度六个方面比较，以多边图形形式可视化呈现各品牌的基本状况。图示中，各指标轴线距离中心 O 点越远，则数值越大。如图 3-3-5，3-3-6。

橱窗陈列方式：

场景式陈列

店内陈列方式：

以同色系搭配陈列为主，一般以一货杆、一个中心色配以两个基础色

陈列细节：

多侧挂陈列，一杆5-7件单品，尺码以s码为主

主要色系与面料：

黑、白、粉色、浅蓝、咖色

棉 、锦纶、氨纶、聚酯纤维（雪纺）等

款式特点：

夏季以A型迷你裙、X型连衣裙为主

试衣间装置精致，顾客在店铺内能够通过环境感受到空间与服饰带来的愉悦满足感

图 3-3-4   B 品牌橱窗陈列方式与款式特点

竞品分析

　　根据市场的平行分析，将B品牌与ZARA、URBANREVIVO、FREVER21等相同价位区间的其他品牌状况综合对比，基于**客单价、成熟程度、更新速度、时尚程度、售后好评率、顾客忠诚度**六个方面比较，以多边图形形式可视化呈现各品牌的基本状况。图示中，各指标轴线距离中心0点越远，则数值越大

图 3-3-5   B 品牌竞品分析

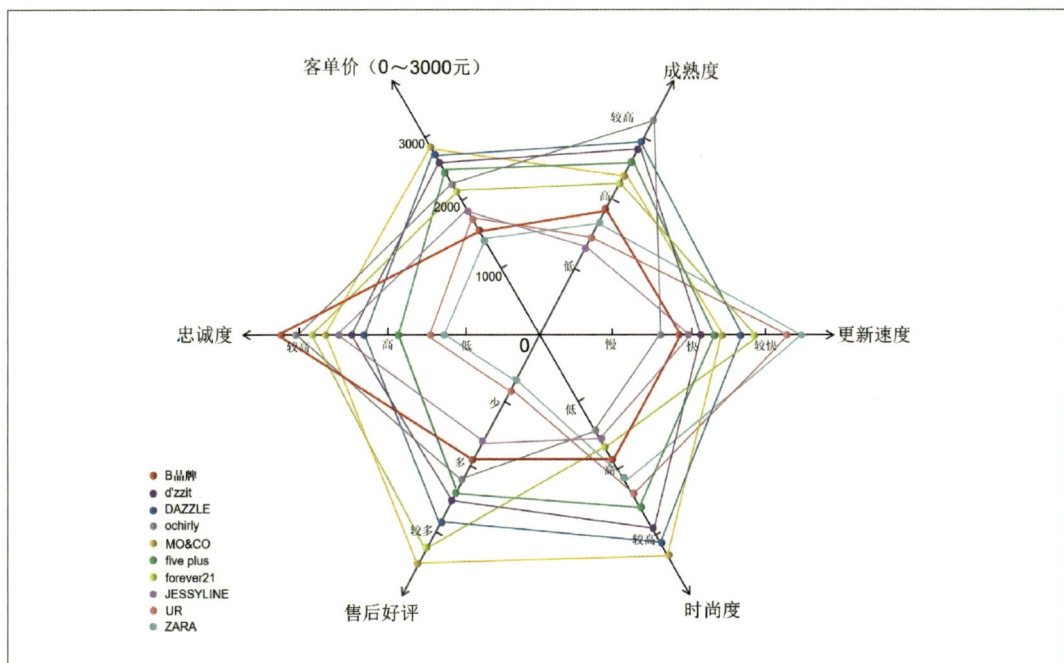

图 3-3-6 B 品牌竞品分析可视化图形

B 品牌 SWOT 分析：

将要分析品牌的内部条件优势（S）、劣势（W）、外部环境中的机会（O）、威胁（T）进行综合分析，被称为品牌的 SWOT 分析。

S（Strengths）（优势）

女装产品的客单价符合对应年龄段的大众消费能力；产品定位明确；市场辨识度较高；且由于风格较为小众，顾客忠诚度较同价位品牌而言有明显优势。

W（Weaknesses）（劣势）

品牌更新速度有待改善，售后服务方面也有待提升；服装风格较为单一；面料类型可适当增加，质量也有一定的提升空间；与同类品牌相比，B 品牌的时尚度无显著优势。

O（Opportunities）（机会）

符合网络主流销售渠道的服装产品需求，网络销售市场巨大；互联网宣传渠道丰富，对于品牌宣传有较强助力；同时也可考虑开发新型面料，拓展国外市场。

T(Threats)(威胁)

互联网原生品牌更适应网络平台的经营模式,对于 B 品牌这类从线下转线上销售的企业有较大威胁;目前来看,B 品牌线上销售平台搭建过晚,且网络销售平台少,缺乏线上经营经验;国外市场的开拓方面需要把握时机,对品牌的产品质量、服务态度、运营情况等有一定要求。如图 3-3-7,表 3-3-1。

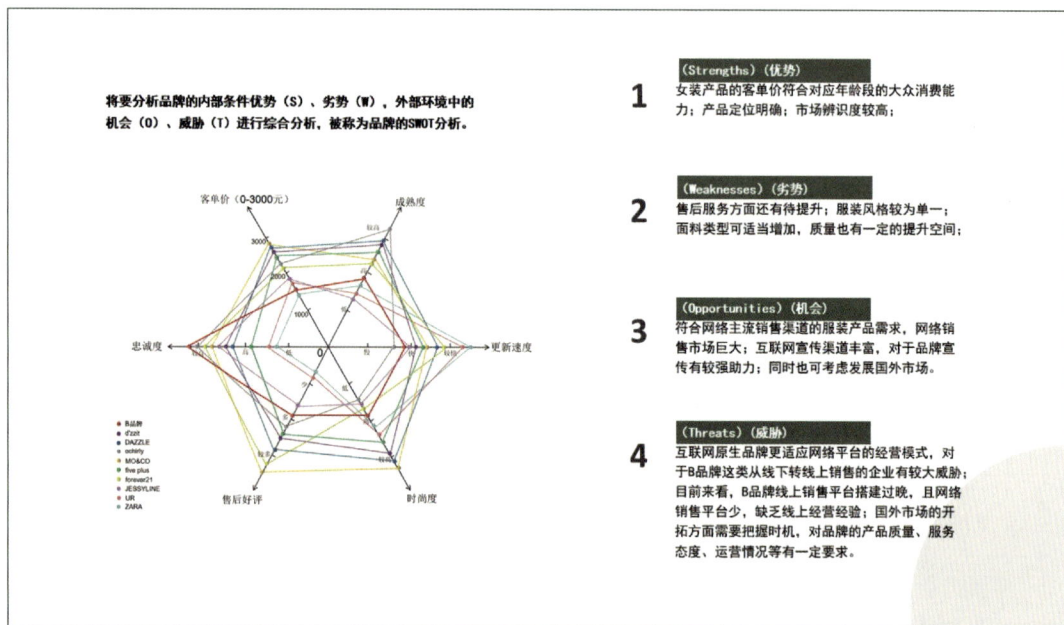

图 3-3-7　B 品牌 SWOT 分析

总结:B 品牌女装质优价廉、风格定位精准,产品深受消费者好评。虽然该品牌在网络市场的知名度尚未打响,其销售额与同类竞品相比还有一定距离,但品牌有网络宣传意识,已入驻淘宝、抖音等平台,应加快提升资金、生产、营销、人力等因素,方能在市场竞争中占据有利位置,如图 3-3-8。

(4) 形成目标消费人群画像

以 B 品牌忠实消费者 L 为调研对象,通过问答方式,获得表 3-3-2 信息:

综合以上信息,从人口分析、地理分析、心理分析、行为分析视角思考,发散思维,在 B 品牌目标消费人群信息中提取关键词,制作思维导图,获取 3~5 个引导服饰设计的关键词。如图 3-3-9。

表 3-3-1　B 品牌 SWOT 分析

内部条件分析 / 外部环境分析	优势（S-Strengths） 1. 女装产品的客单价符合对应年龄段的大众消费能力； 2. 产品定位明确； 3. 市场辨识度较高	劣势（W-Weaknesses） 1. 售后服务方面还有待提升； 2. 服装风格较为单一； 3. 面料类型可适当增加，质量也有一定的提升空间
机会（O-Opportunities） 1. 符合网络主流销售渠道的服装产品需求，网络销售市场巨大； 2. 互联网宣传渠道丰富，对于品牌宣传有较强助力； 3. 可考虑发展国外市场	优势与机会策略（Strengths-Opportunities） SO₁：借助网络销售渠道，拓展品牌市场需求，增强品牌辨识度； SO₂：以互联网渠道为助力，宣传品牌优质主推单品，增强客户黏性，定位消费群体； SO₃：拓展海外市场，增大品牌影响力	劣势与机会策略（Weaknesses-Opportunities） WO₁：开设网络店铺，并增强品牌售后服务； WO₂：丰富产品类型，并借助互联网传播品牌形象； WO₃：开发新型面料，向国际市场迈进
威胁（T-Threats） 1. 互联网原生品牌更适应网络平台的经营模式，对于 B 品牌这类从线下转线上销售的企业有较大威胁； 2. B 品牌线上销售平台搭建过晚，且网络销售平台少，缺乏线上经营经验； 3. 国外市场的开拓方面需把握时机，对品牌的产品质量、服务态度、运营情况等有一定要求	优势与威胁策略（Strengths-Threats） ST₁：借鉴互联网原生品牌的网络经营经验，开拓网络市场； ST₂：对标消费者的大众消费能力，调整产品价格； ST₃：增加网络销售渠道，提高品牌知名度与影响力； ST₄：调整品牌运营战略，把握时机，拓展国外市场，提高品牌站位	劣势与威胁策略（Weaknesses-Threats） WT₁：优化销售平台，加强售后服务，提高品牌的市场竞争力； WT₂：积极拓展产品风格，审时度势，借鉴对标品牌的优势，扬长避短； WT₃：咨询面料专家，积极应用新型面料，勇于创新，加大品牌国际化概率

　　综合小组成员关键词，选出出现频率最高的五个，即精致生活、休闲、浪漫、个性、多元。如图 3-3-10。

图 3-3-8 B 品牌 SWOT 分析展示

表 3-3-2 B 品牌消费者人像综合分析

年龄	28 岁	职业	高校教师	学历	博士研究生
月收入	12 000+	婚育	未婚未育,目前单身	常购品牌	B 品牌、ZARA、Ins、OneMore、Mo & Co.
喜好杂志	《时尚芭莎》《ELLE》《VOGUE》	喜好运动	瑜伽、跑步、游泳	喜好电视	旅游节目、电影节目
性格特征	独立、自由,追求新鲜感;热爱生活,讲究生活趣味;少女情怀,追求浪漫				
家庭观念	家庭和睦、不受拘束、相对独立				
工作状况	工作稳定、相对自由				
衣着习惯	对时尚有自己的独到见解,强烈的自我风格意识,十分注重品位和质量,具有敏锐的时尚触感				
生活方式	作息基本规律,按时上下班,假期一定会安排旅游(包括国内外游),社交圈相对稳定,善于独处,不排斥休闲娱乐活动				

以B品牌忠实消费者L为调研对象，通过问答方式，获得以下信息：

年龄	28岁	职业	高校教师	学历	博士研究生
月收入	12000+	婚育	未婚未育，目前单身	常购品牌	B品牌、ZARA、Ins、OneMore、Mo&Co.
喜好杂志	《时尚芭莎》、《ELLE》、《VOGUE》	喜好运动	瑜伽、跑步、游泳	喜好电视	旅游节目、电影节目
性格特征	独立、自由、追求新鲜感；热爱生活，讲究生活情趣；少女情怀，追求浪漫				
家庭观念	家庭和睦、不受拘束、相对独立				
工作状况	工作稳定、相对自由				
衣着习惯	对时尚有自己的独到见解，强烈的自我风格意识，十分注重品味和质量，具有敏锐的时尚触感				
生活方式	作息基本规律，按时上下班，假期一定会安排旅游（包括国内外游），社交圈相对稳定，善于独处，不排斥休闲娱乐活动				

综合以上信息，从人口分析、地理分析、心理分析、行为分析视角思考，发散思维，在B品牌目标消费人群信息中提取关键词，制作思维导图，获取3-5个引导服饰设计的关键词。

图 3-3-9　B品牌调研对象分析

关键词：
精致生活
休闲
浪漫
个性
多元

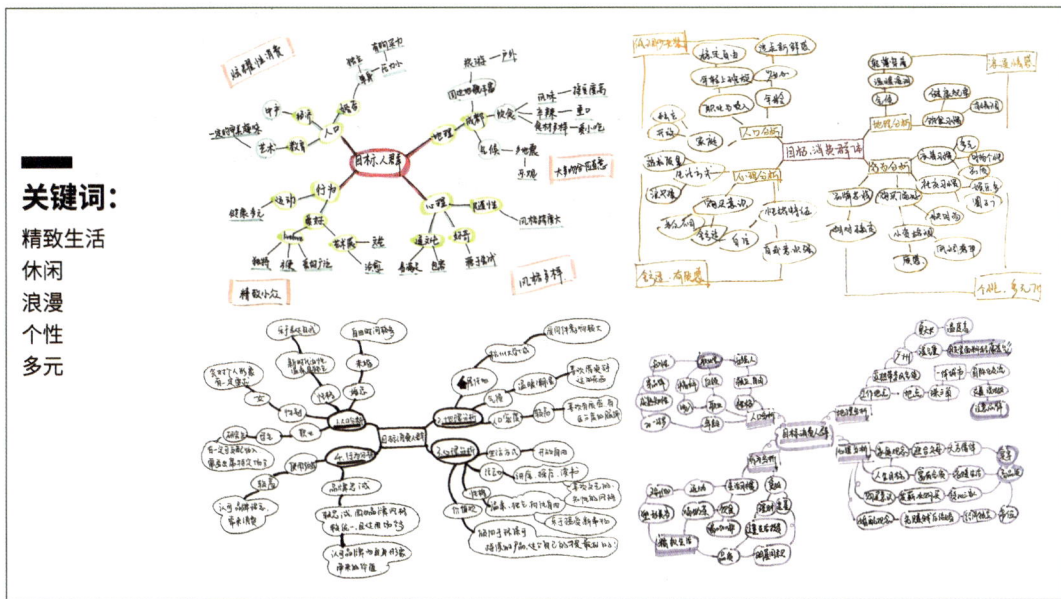

图 3-3-10　获得关键词的过程

(5) 确立设计主题与灵感版

通过已获取的关键词,确立主题,寻找对应图片,并建立灵感板:

B 品牌将少女情怀与生活趣味完美结合,善用百变混搭,潮流廓型。设计主题迎合 B 品牌所追求的设计理念,以少女情怀与强烈的自我个性相结合为纵向,结合生活趣味,用既浪漫又独特的表达方式设计出符合 B 品牌 2021/2022 年的秋冬女装产品,让更多人抓住生活的小美好,玩味生活、抓住当下、直击心灵、活出真我。

主题一:橙色玩味

玩味即细心体会其中的意义或趣味,感受生活中的小趣味,格物以致知,探究生活真理,发现真我。如图 3-3-11。

图 3-3-11 主题综述与主题一:橙色玩味灵感板设计

主题二:绿野仙踪

青年时期生存的社会空间宛如一片幽静森林,神秘且富有吸引力,使人想在这森林的小路间一探究竟,却常常在转身后找不到来时的路。在青翠欲滴的环境里慢慢寻觅,却也不失探索的乐趣。如图 3-3-12。

图 3-3-12　主题二:绿野仙踪灵感板设计

(6) 服装流行趋势分析

① 服装流行色分析

WGSN、PANTONE、POP 等服装流行趋势预测网站的 2021/2022 秋冬色彩报告汇聚了 T 台、文化活动、零售、消费、生活方式、未来规划等多方面的灵感,预测 2021/2022 秋冬服装色彩趋势,其预测结果均包含了孟买褐与苔藓绿两种色彩,在鼓励消费者个人表达的同时,呼唤人们回归本真,拥抱平静。如图 3-3-13。

② 服装流行面料分析

在 WGSN、伦敦面料展官网、POP 等国际流行趋势网站中,均对 2021/2022 秋冬的服装新型面料、环保面料、多功能面料等面料趋势进行了预测报告,大体趋势的落脚点在长绒面料与苏格兰方格面料上,并在面料开发环节强调注重资源保护。如图 3-3-14。

③ 服装流行廓形分析

在 POP、WWD、WGSN 等国际流行趋势网站,均结合人们消费行为与生活方式的改变,对 2021/2022 秋冬的服装廓形进行了相应的廓形趋势预测。2021/2022 秋冬的服装廓形趋势以舒适宽松的 A 型、H 型、X 型等为主,并注重局部的量感。如图 3-3-15。

WGSN、PANTONE、POP等国际流行趋势网站的2021/2022秋冬色彩趋势预测

WGSN2021/2022秋冬全球色彩报告汇聚了T台、文化活动、零售和消费等多方面的灵感，预测色彩趋势。

PANTONE 2021/2022秋冬色彩调色板对纽约时装周、伦敦时装周等T台色彩趋势预测，并以生活方式等多方面为灵感，预测色彩趋势。

POP2021/2022秋冬全球色彩报告结合T台、文化活动、生活方式、未来规划等多个方面，预测色彩趋势。

色彩说明：延续2021春夏报告模式，2021秋冬色彩趋势将配色组合分为两部分：一为选用带有奇幻数码感的夸张色；二为侧重自然怀旧色彩。

色彩说明：2021/2022年秋冬纽约时装周的服饰色彩突出了人们对多功能色彩的渴望，这类颜色容纳了生活方式的各种可能性；鼓励个人表达，代表了人们对于在未来拥抱平静、治愈心灵的希望。

色彩说明：在POP流行趋势网站中，2021/2022年秋冬女装服饰色彩趋势选出了两个主题色系，分别为孟买褐与苔藓绿，突出了疫情过后人们对本真的生活方式的追求。

keywords:自然、怀旧、平静、治愈、本真

符合关键词的色彩共同趋势为:孟买褐、苔藓绿

图 3-3-13　服装流行色分析

WGSN、伦敦面料展官网、POP等国际流行趋势网站的2021/2022秋冬面料趋势预测

WGSN2021/2022秋冬发布面料趋势中的一系列材料报告，包括新兴材料、环保材料、家纺面料和展会材料亮点等。

伦敦 未来面料展
The Future Fabrics Expo

POP流行趋势中，强调了随着人们转向灵活工作模式，服装呈现出注重舒适性和多用性的趋势。轻奢质感羊绒大衣、斗篷&披肩式的大衣成为今年主流的趋势单品。

面料说明：采用"简约至上"的方式打造纺织品，聚焦于仿羔羊呢纱线、精细褶皱和柔和天鹅绒等细腻的表面触感。

面料说明：资源保护、生态纤维、环保处理、回收和生物降解性2021/2022年秋冬面料采购的主要考虑因素；2020/2021秋冬纺织品的必看趋势，包括长绒面料、闪烁的饰面以及大胆的苏格兰方格。

面料说明：POP流行趋势预测中关于2021/2022年秋冬大衣面料的应用主要体现在轻奢质感羊绒大衣、精致细腻羊毛大衣、轻柔绒感呢料大衣、以及暖意格纹大衣的预测。

keywords：资源保护、长绒、轻生活、舒适、多用性

符合关键词的面料共同趋势为：
暖意格纹、质感羊绒

图 3-3-14　服装流行面料分析

POP、WWD、WGSN等国际流行趋势网站的2021/2022秋冬廓形趋势预测

POP2021/2022秋冬全球廓形报告结合T台、文化活动、生活方式、未来规划等多个方面，预测廓形趋势。

WWD 2021/2022秋冬廓形对巴黎时装周、伦敦时装周等T台廓形趋势预测，并从生活方式等方面为灵感，预测廓形趋势。

WGSN 2021/2022秋冬全球廓形报告汇聚了T台、文化活动、零售和消费等多方面的灵感，预测廓形趋势。

廓形说明：在POP流行趋势网站中，2021/2022秋冬女装服饰廓形突出了人们对舒适健康的追求，宽松轮廓成为主流选择，包容度十足，让穿着者回归身体，自觉跳脱出束缚。

廓形说明：2021/2022年巴黎秋冬时装周中，舒适性和宽松廓形成为主导。疫情之后，设计回归到时装与人的依存关系上，也体现了对当下时代的反思。

廓形说明：2021/2022年秋冬女装T台廓形趋势主要包括：宽松H型、随性而华美的礼服式廓形、极繁廓形等。

keywords：舒适、宽松、健康、量感

符合关键词的廓形共同趋势为：
X型、H型、A型

图 3-3-15　服装流行廓形分析

(7) 服装设计作品设计稿绘制(3~5 套)。如图 3-3-16[①]。

图 3-3-16 服装设计作品设计稿

(8) 最终提案展示

以 PPT 形式展示上述提案分析过程。

▶▶ 二、基于创制品牌的趋势预测提案

1. 提案分析内容及过程

(1) 定位消费群体

选取小组成员中一个成员为消费群体代表,继续使用上一提案中的品牌消费群体人像分析方法,以一种以点带面的方式构建虚拟创制品牌的消费者群体画像。

(2) 消费者人像

消费者信息采集,小组成员绘制思维导图并得出关键词,汇总关键词得出消费者人像关键词(3~5 个)。

(3) 构建品牌

通过消费者人像关键词,经过小组讨论,构建针对该消费群体的一个虚拟品牌名称并标定品牌理念、品牌定位等。

---

① 选自:浙江理工大学服装设计专业学生设计作品。

（4）参考品牌分析

根据虚拟品牌定位，对标市场现有品牌，通过对可参考品牌的分析，进一步找准虚拟品牌定位并微调品牌理念。

（5）制作灵感板并确立设计元素

初步拟定虚拟品牌的标志性主打色彩、面料、廓形等，寻找与品牌理念契合的图片，制作灵感板，确立设计元素。

（6）主题设计

根据设计元素，建立 1 个设计主题。

（7）设计方案

根据为该品牌设计的主题，以灵感板作为参考，综合各大流行趋势网站的预测信息，分析流行色、面料、廓形趋势等，进行系列服装设计。

（8）服装设计作品设计稿绘制（3~5 套）

（9）最终展示

以 PPT 形式展示上述提案分析过程。

2. 课程案例展示

（1）定位消费者群体

对小组成员 C 为典型样本的目标消费者调研。如表 3-3-3。

表 3-3-3　创制品牌消费者人像综合分析

年龄	23 岁	职业	高校学生	学历	硕士研究生
月收入	3 000+	婚育	未婚未育，恋爱中	常购品牌	Marc Jacobs、X-Girl、Stussy、Supreme
喜好杂志	《瑞丽》《红秀 GRAZIA》《VOGUE》《CanCam》《FUDGE》	喜好运动	游泳、瑜伽	喜好电视	青春偶像剧、都市职场剧
性格特征	外冷内热、少女情怀、爱幻想、追求浪漫				
家庭观念	经济独立、个性解放、不受拘束、相对自由				
工作状况	高校在读，即将面临工作或初入职场				
衣着习惯	注重服装的舒适度与时尚感，在着装方面十分注重自我风格的展示，更容易接受小众独特的服装款式				
生活方式	作息不太规律，社交圈多元，娱乐活动丰富，但也善于独处				

(2) 消费者人像构建与综合分析

创制品牌消费者人像构建与综合分析。如图 3-3-17。

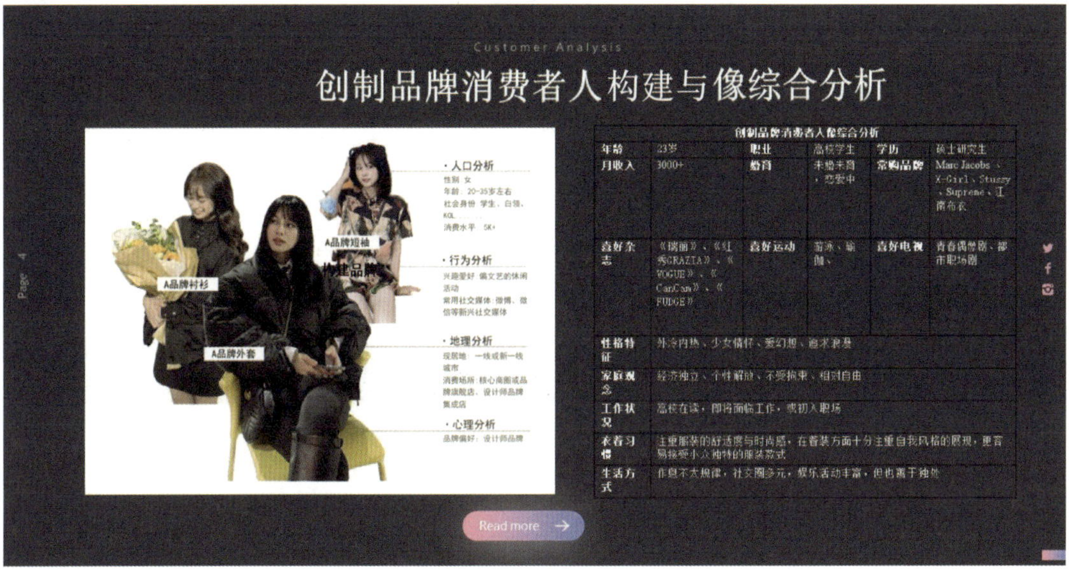

图 3-3-17　创制品牌消费者人像构建与综合分析

根据以上信息,绘制消费者人像思维导图,导出消费者人像关键词。如图 3-3-18,3-3-19。

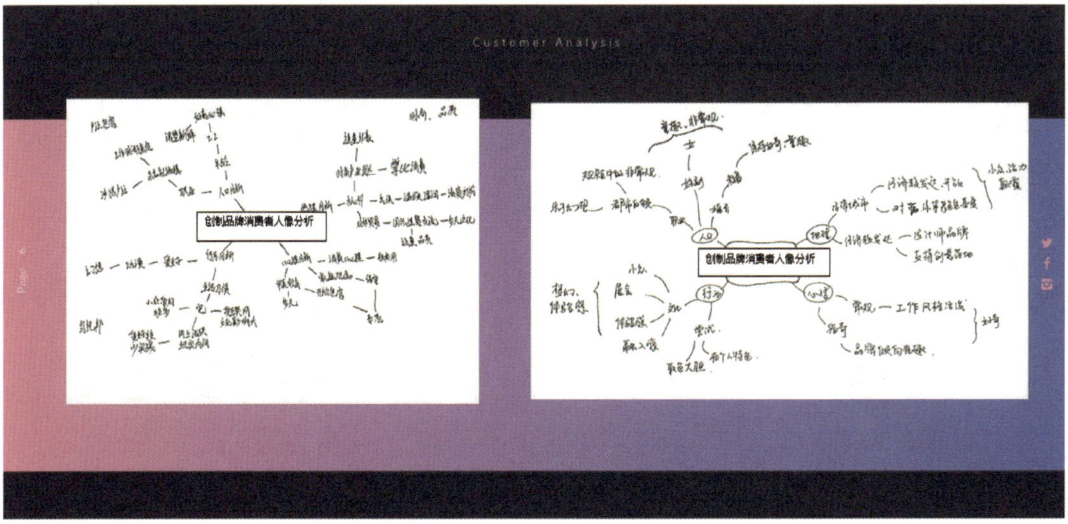

图 3-3-18　消费者人像思维导图1

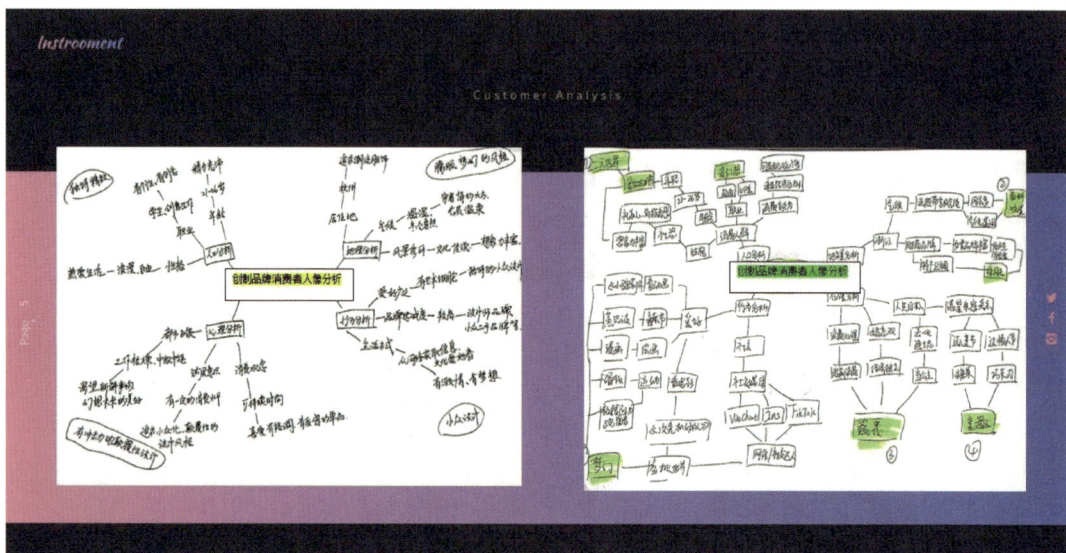

图 3-3-19　消费者人像思维导图 2

　　汇总小组关键词,在 5 串设计关键词中再次遴选,最终得到 5 个关键词,即梦幻、颠覆、童趣、乌托邦、二元世界。如图 3-3-20。

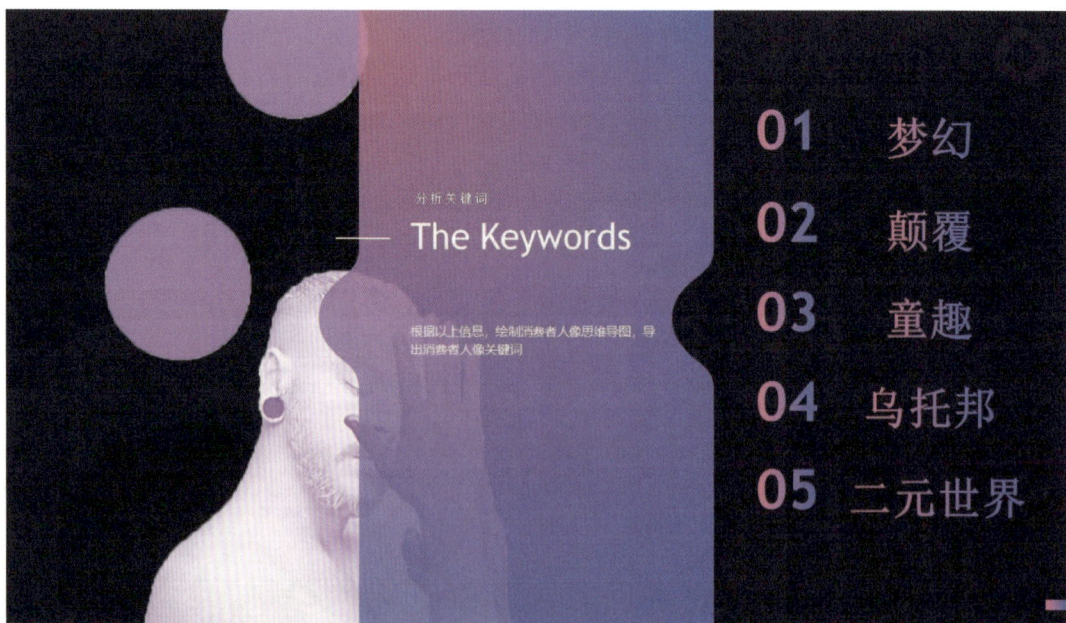

图 3-3-20　五个消费者人像关键词

(3) 构建品牌

通过消费者关键词，经小组成员讨论，构建针对该人群的虚拟品牌。如图 3-3-21。

品牌名称：乌托邦的梦

品牌理念：美好的乌托邦世界终将照进现实

品牌定位：800~3 000 元

图 3-3-21　构建创制品牌"乌托邦的梦"

(4) 参考品牌分析

　　根据我们初步建立的品牌概念，选取以下品牌为参考品牌：莫杰(Marc Jacobs)、苏博瑞 (Supreme)、斯图西(Stussy)。如图 3-3-22。

　　通过本品牌与竞争品牌的调研分析，创制品牌以 Marc Jacobs、Supreme、Stussy 等品牌为对标品牌，在客单价 1 000~3 000 元的价格区间内，该对标品牌在成熟度、更新速度、时尚度以及售后好评和顾客忠诚度方面均具有良好的市场反响，论证了该品牌有一定的市场区别度，同时具有一定的可行性。如图 3-3-23。

(5) 制作灵感板并确立设计元素

　　初步拟定品牌的标志色彩为蓝色系、粉色系等具有梦幻色彩倾向的色系；廓形以 H 型、X 型为主。

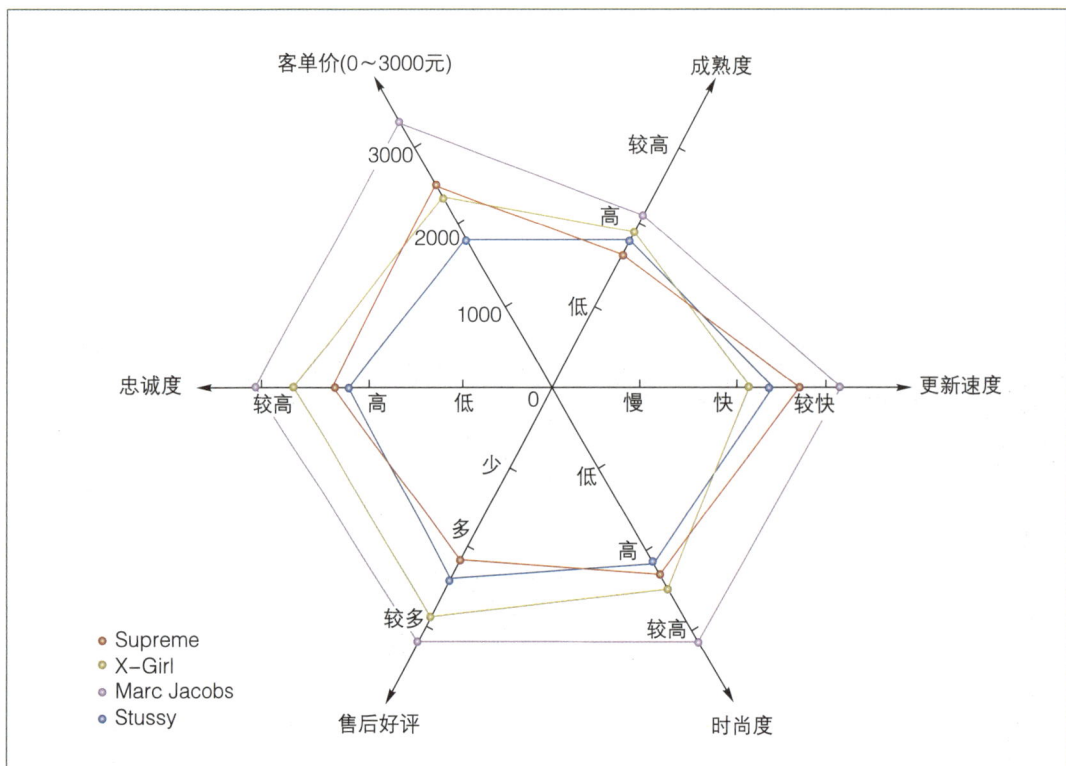

图 3-3-22　创制品牌的参考品牌分析

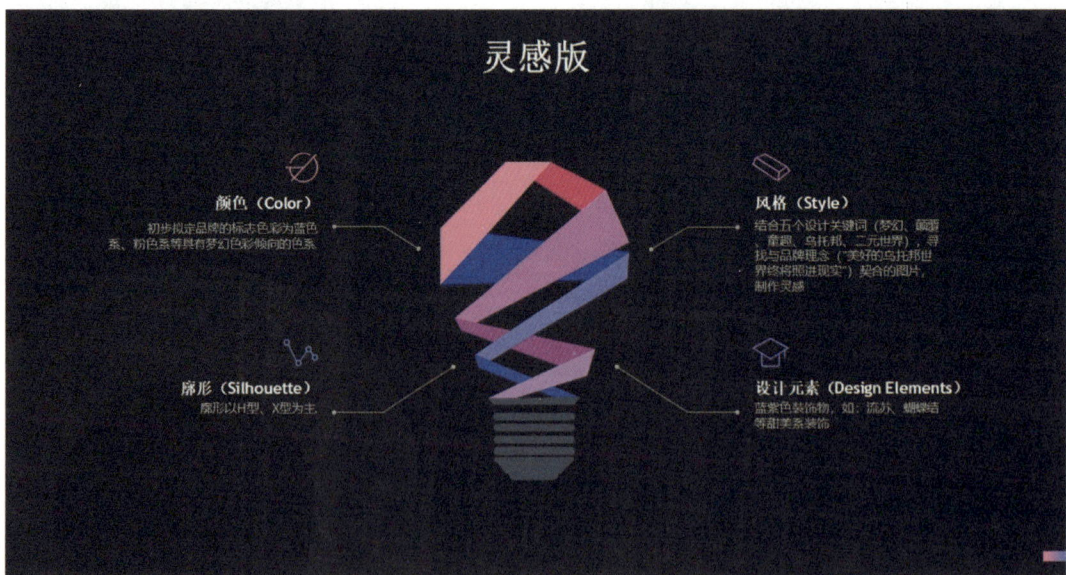

图 3-3-23　创制品牌灵感板

　　结合五个设计关键词：梦幻、颠覆、童趣、乌托邦、二元世界，寻找与品牌理念——"美好的乌托邦世界终将照进现实"契合的图片，制作灵感板，确立设计元素为蓝紫色装饰物，如流苏、蝴蝶结等甜美系装饰，以贴合"乌托邦的梦"的品牌理念。如图 3-3-23。

(6) 主题设计

　　根据设计元素，建立 1 个与创制品牌同名的设计主题"乌托邦的梦"。如图 3-3-24。

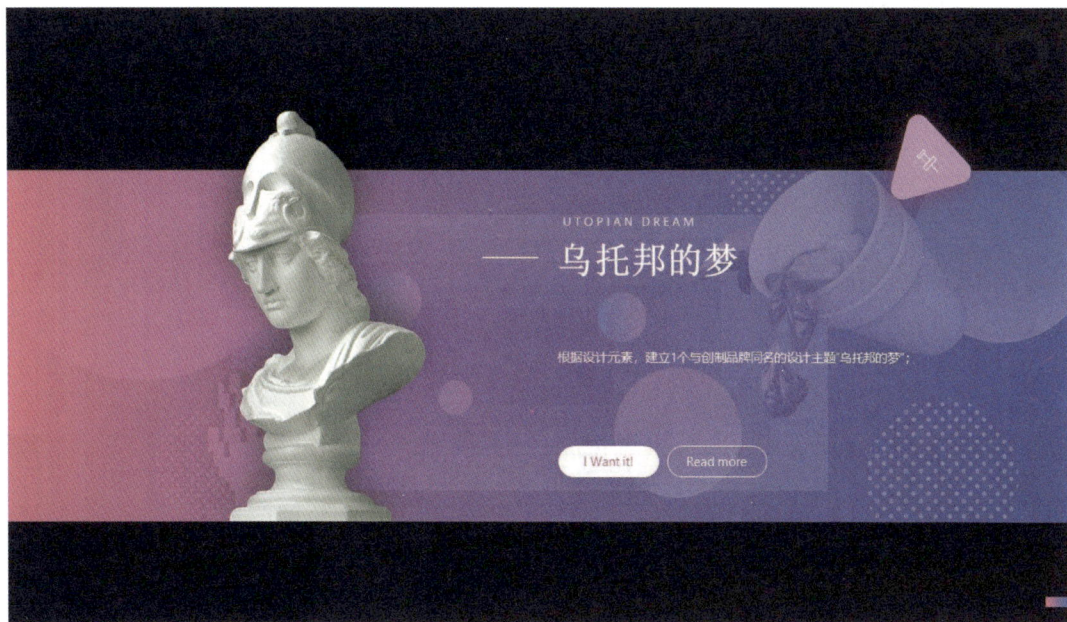

图 3-3-24　确立设计主题"乌托邦的梦"

(7) 设计方案

　　通过 WGSN、POP、PANTONE、WWD、蝶讯网等各大流行趋势预测网站抓取流行讯息，获得创制品牌的色彩、面料、廓形趋势等。如图 3-3-25，3-3-26，3-3-27。

(8) 服装设计作品设计稿绘制(3~5 套)，如图 3-3-28

(9) 最终展示

　　以 PPT 形式展示上述提案分析过程。

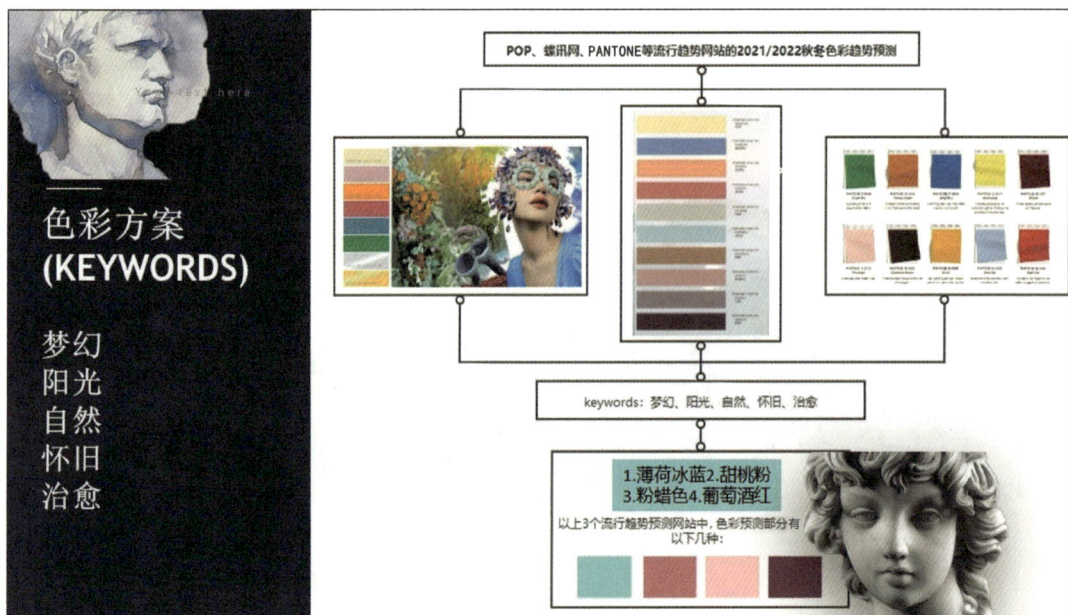

图 3-3-25 服装流行色彩分析

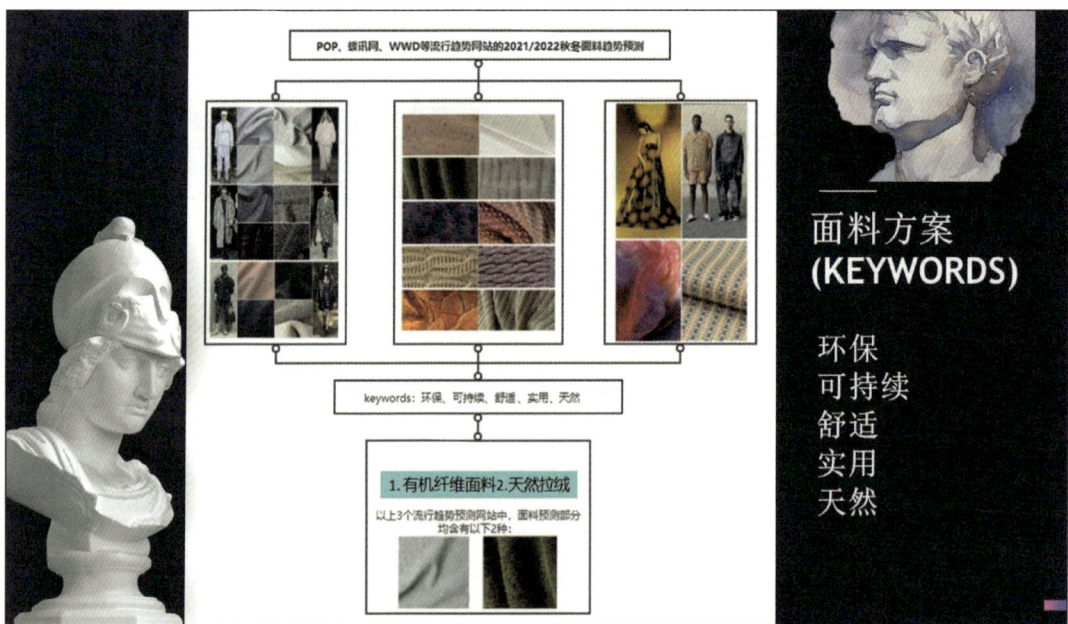

图 3-3-26 服装流行面料分析

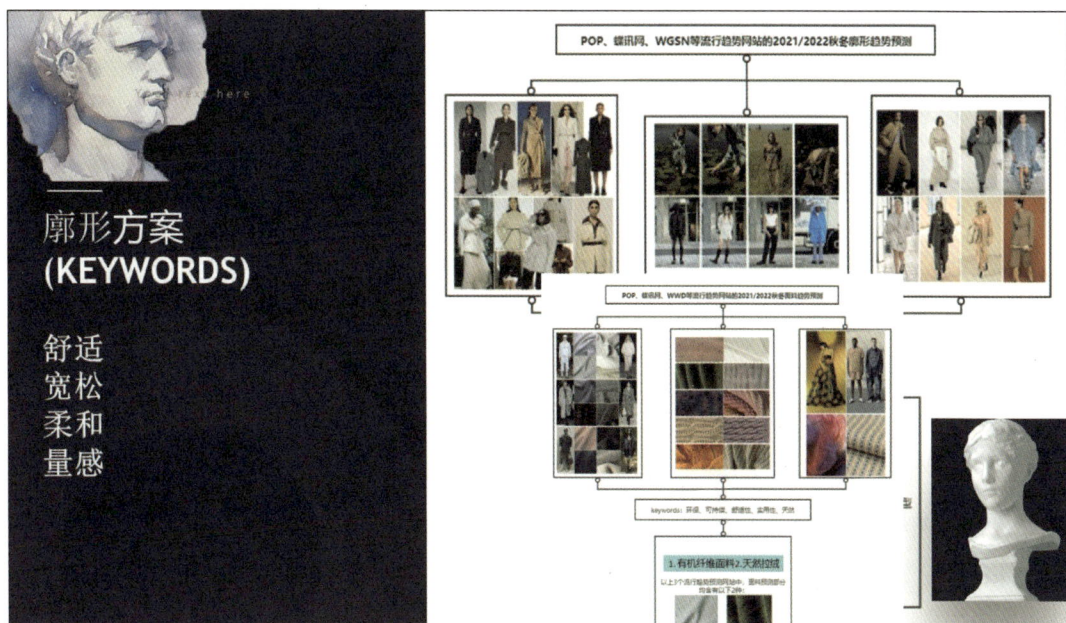

图 3-3-27　服装流行廓形分析

图 3-3-28　创制品牌的服装设计作品设计稿

第四节 基于大数据分析的流行趋势预测

服装设计非常依赖图像,对服装设计师而言,除了线下的面料、辅料和成衣等实物外,线上可参考的内容主要是各种服装样式的图像。相较于文字,服装设计师更倾向于图像类的思维,而视频对象不利于信息检索和快速浏览,效率较低。训练有素的设计师或买手每日可读图2 000~3 000张,从中选取可参考的款式和搭配。因此,服装设计的关键在于如何为设计师群体搜集数量大、质量高的参考图片,并对图片进行处理、筛选和推荐。

在2010年以前,图像识别仍然是一个有诸多限制条件的技术,而随着人工神经网络和深度学习的快速发展,如今计算机针对特定对象的识别率已经超过人类,这意味着以往由人来担任分拣筛选的工作可以由大数据完成,这让低成本地处理海量服装图片成为可能。

在获取到大量高质量图片数据后,如何从中筛选适合的图片是另一个现实问题。给设计师推荐其个人最感兴趣和最有用的图片资源,可以达到效率最大化。因此,基于图像的搜索和推荐技术成为连接设计师的关键环节。

一、大数据流行预测国内外现状及发展趋势

1. 基于深度学习技术的图像识别技术现状

图像识别最早可追溯到20世纪60年代。随着计算机处理性能的提升,图像识别在近年取得了长足进步和发展。在技术的推动下,图像识别的功能从早期的数字识别、手写体识别等简单目标逐渐发展到人脸识别、物体识别、场景识别、属性识别、精细目标识别、图像理解等复杂目标。2010年以来,由GPU发展带动的计算性能大幅度提升,数据规模大幅度增长,新型应用不断涌现,使得图像识别技术进入前所未有的繁荣期,并向自动提取图像特征、多任务识别、自动描述发展。图像识别技术得益于底层算法的提升,亦得益于深度学习框架的快速发展。Caffe、Mxnet、TensorFlow、PyTorch、Darknet等主流深度学习框架,为图像识别技术提供了良好的环境基础。

基于深度学习图像识别技术是智能选款与趋势预测等功能的基础保障,可以对服装色彩、款式、面料、图案等特征进行精确识别,并对其进行分类。

2. 基于图像的搜索与推荐技术现状

(1) 基于图像的搜索技术

互联网时代下,随着淘宝、小红书等移动应用程序的流行,互联网上服装样式的数据每天都在爆炸式增长。针对这些包含丰富视觉信息的海量图片,如何从浩瀚的样式库中方便、快速、准确地查询并搜索到设计师所需的或感兴趣的样式,是多媒体信息搜索领域研究的难题,图像搜索

和图像推荐是解决这一难题的关键技术。图像搜索按描述图像内容方式的不同,可分为基于文本的图像搜索与基于内容的图像搜索两类。

基于文本的图像搜索方法利用文本标注的方式对图像中的内容进行描述,形成描述图像内容的关键词,如图像中的服装、穿着场景等。这种基于文本描述的图像搜索方式易于实现,其查准率也相对较高,这是目前图像搜索引擎采用最多的方法。但是这种方式有明显的缺陷,首先,它需要人工标注或外部信息标记,而人工标注和外部信息未必准确;其次,设计师有时很难用简短的关键字来描述出自己真正想要获取的样式。

针对基于文本的图像检索方法日益显现的问题,基于内容的图像检索技术应运而生。基于内容的图像检索利用计算机对图像进行分析,建立图像特征矢量描述并存入图像特征库,当设计师输入一张查询图片时,用相同的特征提取方法提取查询图像的特征,然后以某种相似性度量为准则,计算特征库中各个特征的相似性大小,最后按相似性大小进行排序并顺序输出对应的图片。基于内容的图像检索技术克服了采用文本进行图像检索所面临的缺陷,为海量图像库的检索开启了新的大门。

(2) 基于图像的推荐技术

基于图像的推荐技术是指在用户并未明确表达需求的场景下,推荐其感兴趣的流行服装样式。当前的图像推荐技术,根据图像所对应的服装样式信息进行推荐,主要分为三类:基于内容的推荐、基于关联规则的推荐、基于协同过滤的推荐。

基于内容的推荐是在推荐引擎出现之初应用最为广泛的推荐机制,它的核心思想是根据推荐服装的相关性,基于用户以往的喜好记录,推荐给用户相似的服装样式。这种推荐系统易于实现,但很难保证推荐结果的相关性。

基于关联规则的推荐系统,首要目标是挖掘出关联规则,也就是销量较高的服装样式,这些服装样式可以相互进行推荐。该机制的缺点在于计算量较大,存在热门样式容易被过度推荐的问题。

基于协同过滤的推荐系统,主要通过分析用户兴趣,在用户群中找到与指定用户兴趣相似的用户,综合这些相似用户对同一服装样式的评价,形成系统对该指定用户对此样式喜好程度的预测。协同过滤有以下优点:能够过滤难以进行机器自动基于内容分析的信息,如图像、音乐等;能够基于一些复杂的、难以表达的概念(如服装风格等)进行过滤;推荐具有新颖性。

目前图像推荐技术已广泛应用于淘宝的穿衣搭配推荐、个性化推荐等业务场景。

▶▶ 二、大数据分析下的服装流行趋势——以杭州知衣科技为例

杭州知衣科技有限公司(以下简称"知衣")是一家以人工智能技术为驱动的国家高新技术企业,致力于将数据化趋势发现、爆款挖掘和供应链组织能力标准化输出,打造智能化服装设计

的供应链平台。凭借图像识别、数据挖掘、智能推荐等核心技术,不断升级服务体系,知衣自主研发了知衣、知款、美念等一系列服装行业数据分析产品,为服装企业和设计师提供流行趋势预测、设计赋能、款式智能推荐等核心功能,通过大数据分析来量化产品规划,使设计开发过程可视化。目前,大数据分析下的服装流行趋势针对市场与秀场两个类别进行分析。

1. 市场销售与大数据分析

我们使用"5W2H"分析法对市场进行不同维度解析。以用户购买行为为例:

(1) Why:某类服装为什么热卖?

对流行词汇的洞察,是当前客户需求的体现。设计师通过市场热词分析抓取服装产品卖点,深度解析热词可以做到按需开发、定向开发。如图 3-4-1。

图 3-4-1 2021 服装商品预热分析与流行词概览

(2) What:2021 秋冬热销单品是什么?

通过知衣科技对淘系统平台数据的分析可以得知,2021 年秋冬的热销单品包括毛呢外套这一品类,在毛呢外套中,包含五种较为热销的款式,按照热销程度由深到浅排列为以下几种:羊毛双面呢外套、法式毛呢外套、棋盘格毛呢外套、学院风牛角扣大衣、韩版气质大衣等。如图 3-4-2。

图 3-4-2　2021 双十一期间在淘系统平台上的品类热销单品解析

(3) Who：谁带动了用户消费需求？

获得消费者需求的方法和渠道有很多，其中之一就是通过各渠道博主的风格标签佐证消费人群画像，判断品类规划和市场趋势。通过分析主播主体的各维度商业属性可以更加系统化地得出其所代表的用户群体和这个群体的共性特点。而且因为主播本身粉丝数量巨大，所分析出的模板也更加准确，从而通过粉丝数的多少分析出不同人群画像的潜在市场价值。如图 3-4-3。

(4) When：销售额高峰是什么时候？

制造商通过对销售高峰时间段的调查统计，可以更加方便地安排前期的开发节奏、新品上新时间段、淘系店铺和直播平台购买流量的时间点，以及面辅料备货与供应链工厂的期货安排等。如图 3-4-4。

(5) Which：哪些品牌的产品最受欢迎？

以下品牌为例。如图 3-4-5。

(6) How：如何判断某一单品细节受欢迎的占比？

以连衣裙流行工艺占比为例，如图 3-4-6。

(7) How much：某一单品哪个价位段更好卖？

通过女装 T 恤销量占比环形图可以看出，淘宝平台价格带销量占比最高的在 0~50 元价格带区间，数据为 51.60%；其次为 50~100 元价格带区间，占比 30.12%；200~300 元区间销量占比

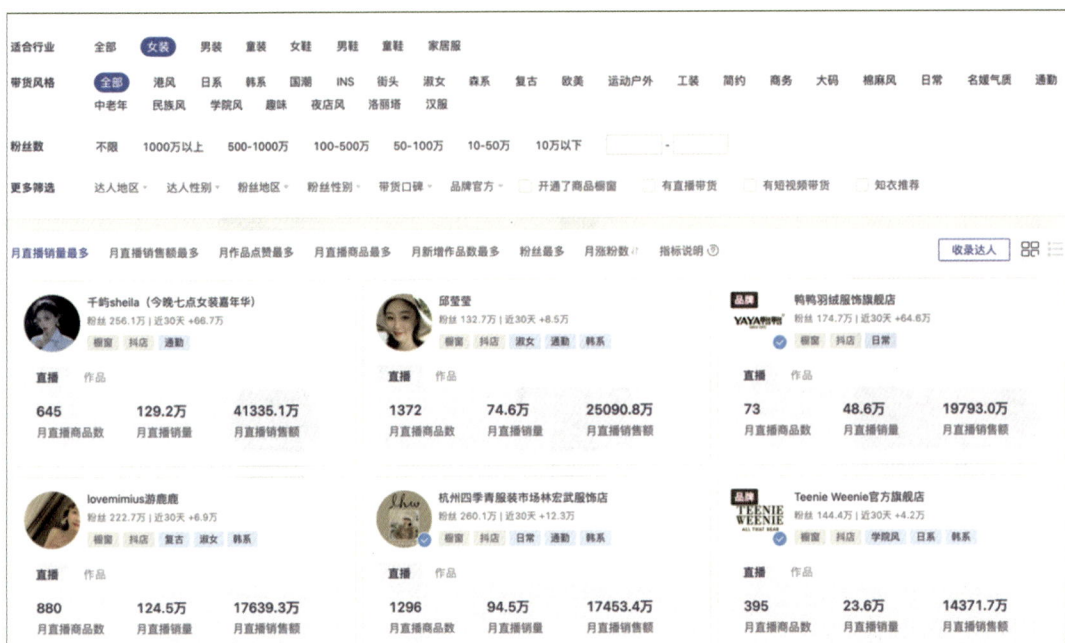

图 3-4-3　带货主播月销量排行榜

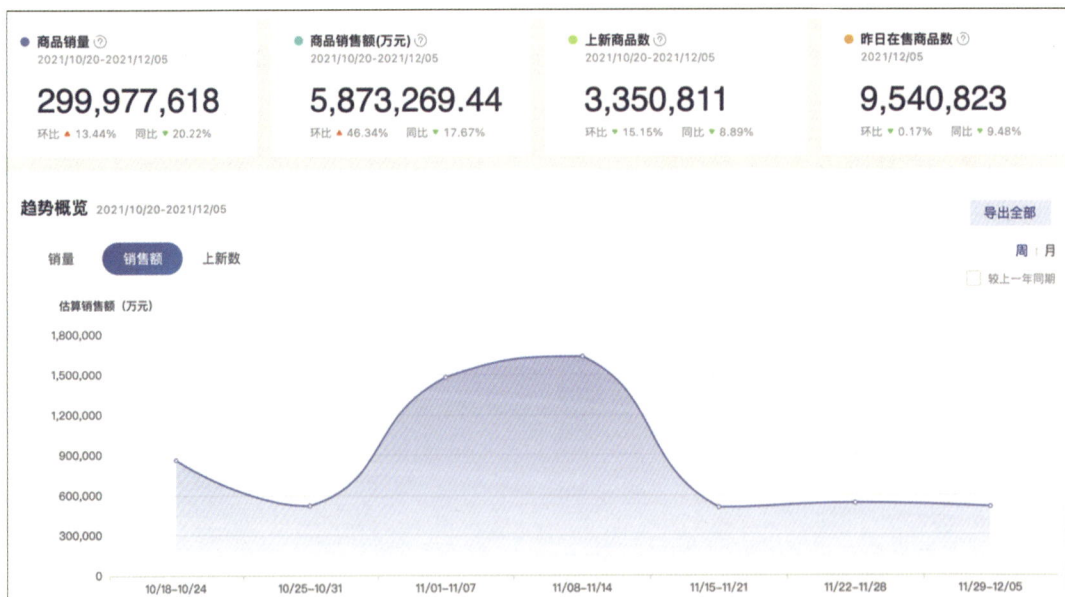

图 3-4-4　行业销售高峰日期概览

01. **优衣库官方旗舰店**
销量：3,428,761
销售额：552,721,655.32

02. **伊芙丽官方旗舰店**
销量：745,236
销售额：370,244,587.54

03. **波司登官方旗舰店**
销量：331,678
销售额：359,667,822.35

04. **太平鸟官方旗舰店**
销量：956,992
销售额：300,471,217.76

05. **veromoda官方旗舰店**
销量：823,741
销售额：276,870,856.39

06. **ONLY官方旗舰店**
销量：794,933
销售额：270,502,882.53

07. **moco官方旗舰店**
销量：304,853
销售额：211,068,700.89

08. **TeenieWeenie官方旗舰店**
销量：363,380
销售额：201,346,223.38

09. **乐町官方旗舰店**
销量：765,575
销售额：194,718,005.01

10. **yiner官方旗舰店**
销量：175,167
销售额：178,097,237.55

图 3-4-5　2020 年天猫女装店铺销售排行榜

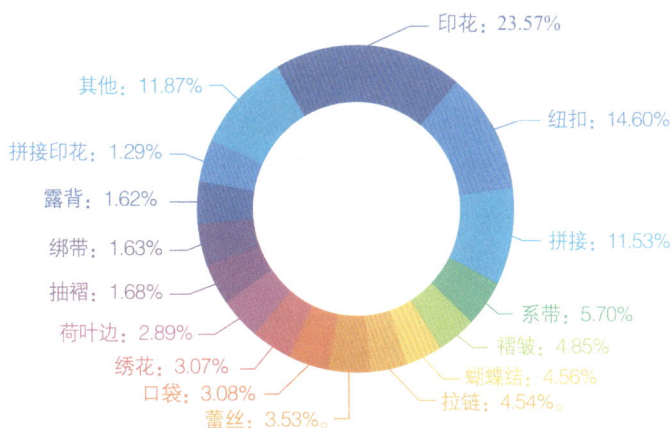

印花：23.57%
其他：11.87%
纽扣：14.60%
拼接印花：1.29%
露背：1.62%
拼接：11.53%
绑带：1.63%
抽褶：1.68%
系带：5.70%
荷叶边：2.89%
裙皱：4.85%
绣花：3.07%
蝴蝶结：4.56%
口袋：3.08%
拉链：4.54%
蕾丝：3.53%

图 3-4-6　连衣裙流行工艺占比

2.23%。天猫平台占比最高也在0~50元价格带区间，数据为57.61%；其次是50~100元区间，占比26.98%；200~300元区间销量占比为2.73%。如图 3-4-7。

淘宝不同价格带T恤销量占比

- 700-800:0.04%
- 600-700:0.08%
- 1 000-1 500:0.09%
- 800-900:0.14%
- 500-600:0.14%
- 400-500:0.25%
- 900-1000:0.38%
- 1 500以上:0.40%
- 300-400:0.89%
- 200-300:2.23%
- 0-50:51.60%
- 50-100:30.12%
- 100-200:13.62%

天猫不同价格带T恤销量占比

- 900-1 000:0.03%
- 1 500以上:0.03%
- 1 000-1 500:0.06%
- 700-800:0.07%
- 800-900:0.09%
- 600-700:0.12%
- 500-600:0.23%
- 400-500:0.40%
- 300-400:1.06%
- 200-300:2.73%
- 0-50:57.61%
- 50-100:26.98%
- 100-200:10.58%

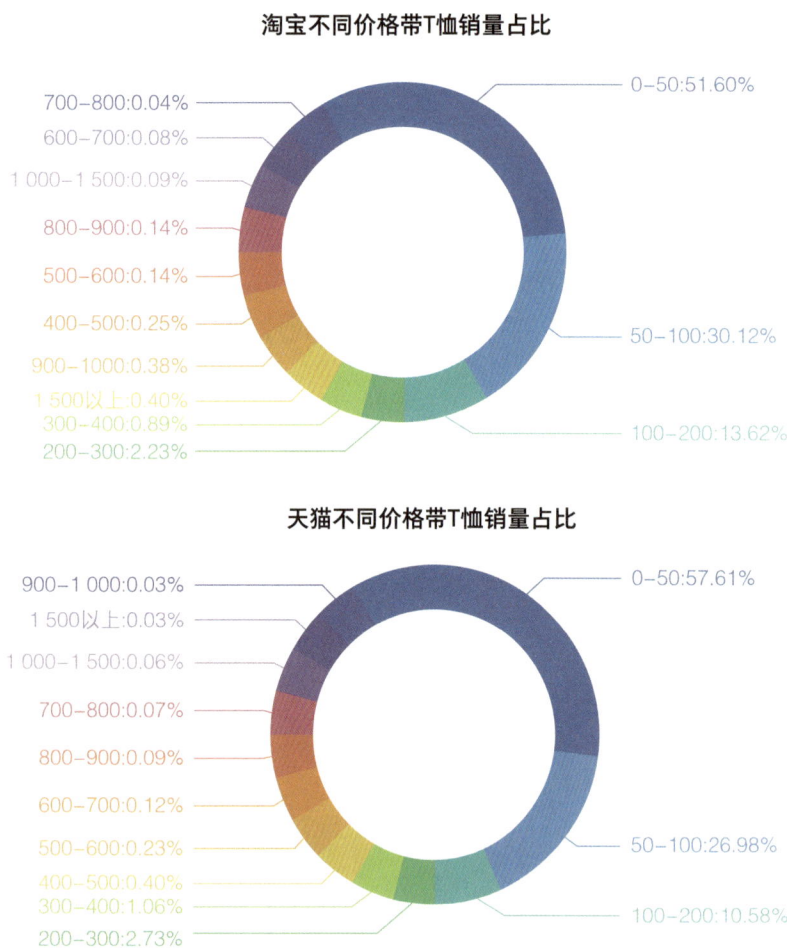

2021春夏女装T恤在淘宝平台和天猫平台销量最高的价格带均为0~50元区间

图 3-4-7　T 恤价格带分析

2. 秀场趋势与大数据分析

通过 AI 技术和大数据对秀场趋势进行分析，可以免去烦琐的人工数据统计工作，同时更具准确性。秀场的趋势分析可以从以下几个维度来进行：

（1）秀场热词分析

2022/2023 春夏连衣裙热词中，精致奢华热度上升最为明显，除此之外极简风格、无袖、性感、S 型、前卫等关键词也有上升趋势，浪漫淑女、棉麻、X 型、A 型、中长袖等关键词有下降趋势；春夏连衣裙风格方面，极简风、性感风、前卫风、民族风、度假风等风格都越来越受欢迎，而浪漫淑女风、棉麻文艺风等关键词的热度有所下降。如图 3-4-8。

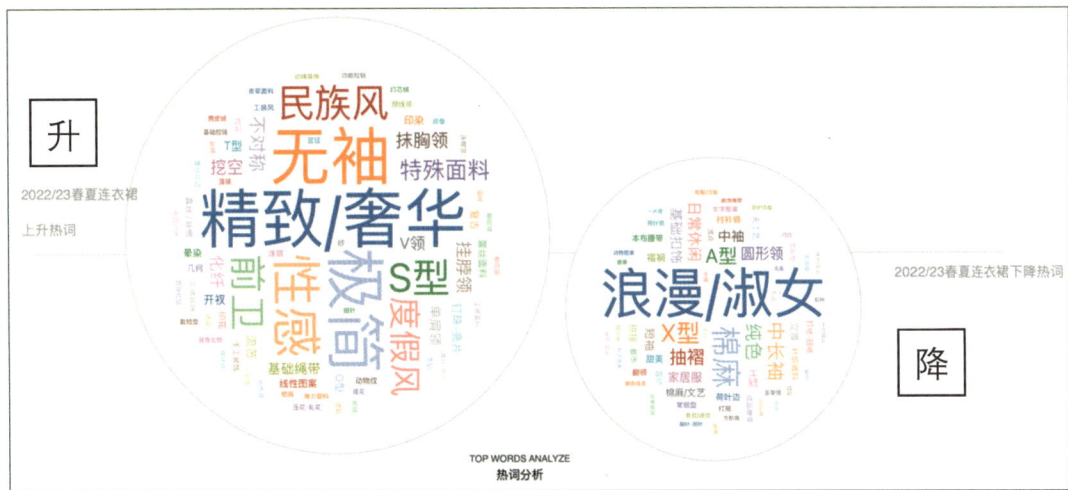

图 3-4-8 秀场热词分析

(2) 秀场色彩分析

根据 2021/2022 秋冬 Jil Sander 女装秀场的色彩分析发现,无彩色系以及百搭中性色是打造极简主义的关键色彩,平静沉稳的极夜黑占比最多,共出现 20 款单品,占比 30.30%;其次是椰子奶油白色,有 14 款,占比 21.21%;在大地色系中,自然舒适的羔羊毛色在本场秀中共有 7 款单品,占比10.61%;具有温暖色调的蜜蜂黄,共包含 5 款单品,占比 7.58%;浓郁酒红色也出现 5 款单品,占比 7.58%。如图 3-4-9。

图 3-4-9 秀场色彩分析

(3) 秀场廓形分析

由图可知,在 2022/2023 春夏女装秀场中,A 型连衣裙占比最多,数据为 30.26%,但环比下降 10.25%;X 型占比排名第二,占比 25.02%,环比下降 16.04%;S 型占比排名第三,占比 13.88%,环比上升 72.92%,有最大上升趋势;呈上升趋势的廓形还有 O 型、不对称和 T 型。如图 3-4-10。

(4) 秀场图案分析

在 2022/2023 春夏女装秀场中,植物花卉图案的连衣裙占比最多,数据为 31.20%,较去年上升 4.66%;撞色渐变排名第二,占比 28.23%,与去年相比变化不大;另外几何图案、晕染和线性图案相比去年有明显的上升趋势,其中几何图案上升 63.13%。如图 3-4-11。

廊形分析

解构
1.14%

宽松型
1.26%

O型
2.82%

T型
5.20%

H型
9.65%

不对称
10.71%

S型
13.88%

A型
30.26%

数据来源:
知衣科技

X型
25.02%

A型   X型   S型   不对称

H型   T型   O型   宽松型

解构   截短型

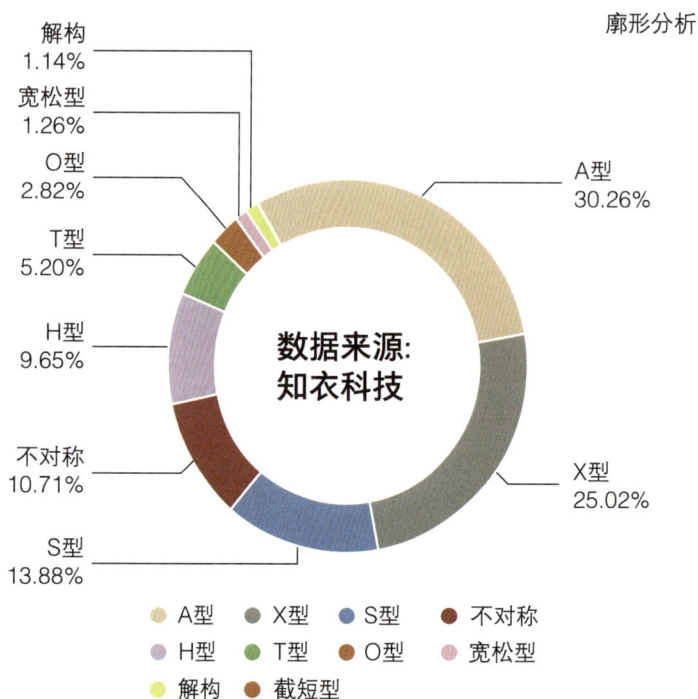

图 3-4-10　秀场廊形分析

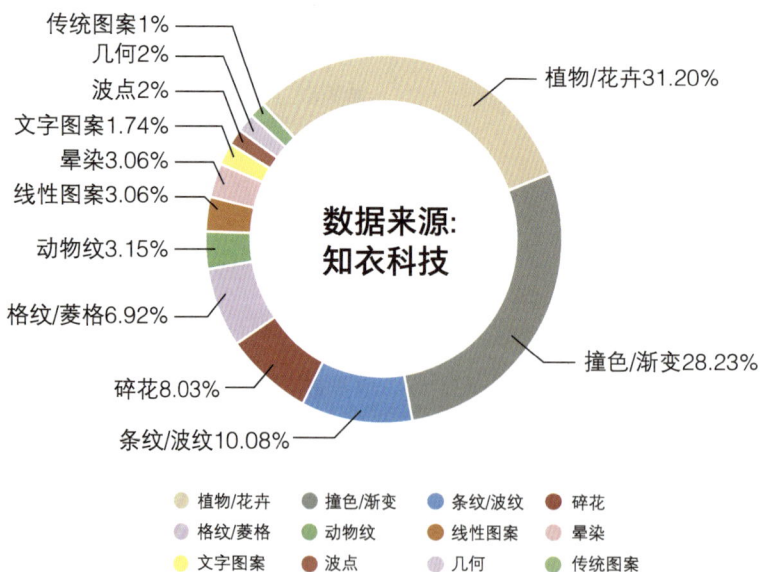

传统图案1%
几何2%
波点2%
文字图案1.74%
晕染3.06%
线性图案3.06%
动物纹3.15%
格纹/菱格6.92%
碎花8.03%
条纹/波纹10.08%

植物/花卉31.20%

数据来源:
知衣科技

撞色/渐变28.23%

植物/花卉   撞色/渐变   条纹/波纹   碎花

格纹/菱格   动物纹   线性图案   晕染

文字图案   波点   几何   传统图案

图 3-4-11　秀场图案分析

(5) 秀场品类分析

根据 2021/2022 秋冬 Jil Sander 女装秀场的品类分析发现,在极简主义风格影响下,无须过多搭配的连衣裙占比最多,共出现 17 款,占比 27.42%;其次是秋冬外搭单品大衣,共出现 8 款,占比 12.90%;简洁百搭的半裙成为关键品类,出现 8 款,占比 12.90%;舒适通勤的极简西装成为此风格下的重点品类,共出现 7 款,占比 11.29%;衬衫作为通勤必备搭配,共出现 5 款,占比 8.06%。如图 3-4-12。

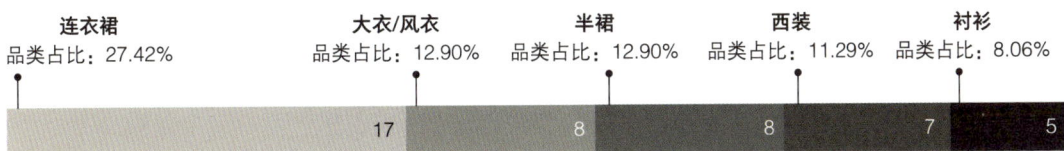

连衣裙	大衣/风衣	半裙	西装	衬衫
品类占比:27.42%	品类占比:12.90%	品类占比:12.90%	品类占比:11.29%	品类占比:8.06%
17	8	8	7	5

图 3-4-12　秀场品类分析

(6) 秀场面料推荐

蓬松触感羊驼绒、细微褶皱、圈圈纱、叠褶装饰等面料较受 2021/2022 秋冬秀场品牌的欢迎。如图 3-4-13。

图 3-4-13　秀场推荐面料

(7) 秀场风格分析

秀场最受欢迎的风格是浪漫淑女风,占比 26.7%;其次是都市风、极简风;较为小众的风格是学院风、洛丽塔风、和服风、汉服风、宫廷风等,占比均在 3% 以下。如图 3-4-14。

rate

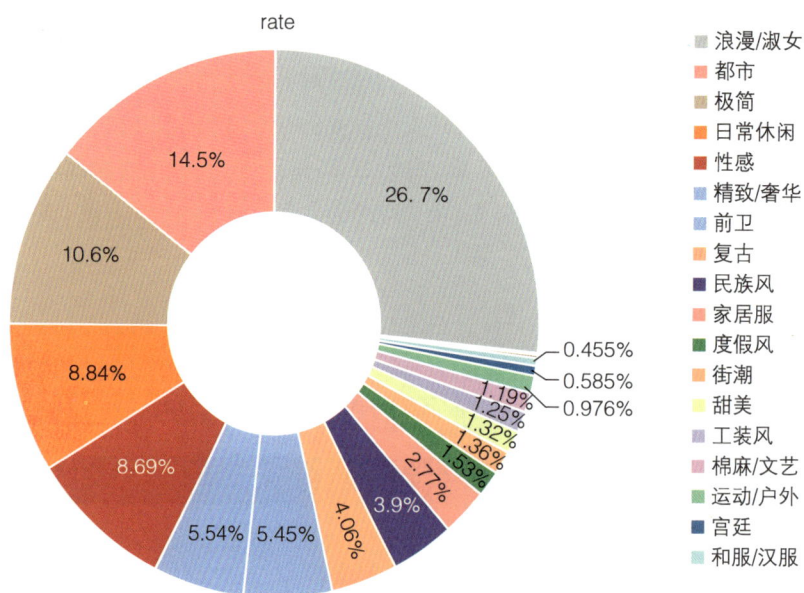

图例
浪漫/淑女
都市
极简
日常休闲
性感
精致/奢华
前卫
复古
民族风
家居服
度假风
街潮
甜美
工装风
棉麻/文艺
运动/户外
宫廷
和服/汉服

图 3-4-14　秀场风格分析

课后提问与思考

问题一：请阐述流行是如何影响消费者选择的？

问题二：请至少举出两例，说明东西方服饰色彩所反映的文化差异。

问题三：请举例说明当下潮流品牌的生命周期由导入期进入鼎盛期的关键原因。

问题四：结合具体案例，思考当下潮流品牌是如何通过视觉把握与整体理念的方式来诠释艺术的？

█ 本章拓展资源

1. 基本色彩理论、色彩的专业术语

2. 粉色追踪

3. 橙色追踪

4. 色彩心理学

5. 色彩趋势与品牌应用

6. 心理因素与流行

7. 自然因素与流行

8. 流行传播理论、路径、轨迹

9. 趋势的视觉表述

█ 命题设计 3

(1) 结合本章提及的服装流行趋势信息收集渠道，对未来流行趋势信息进行至少三种渠道的信息收集与整理。

(2) 围绕命题设计 1 中提及的流行趋势与区域时尚特点，选择某一经典设计，进行流行趋势提案的设计。

(3) 结合本章提及的消费者分析方法，对品牌时尚消费者与目标群体进行综合分析（考虑人口、地理、心理、行为因素）。

(4) 对应品牌目标消费者分析，设计色彩趋势、面料趋势、廓形趋势分析图。

(5) 结合上述分析，完成服装设计系列趋势提案，至少包括四套服装。

(6) 结合品牌定位与目标消费群体分析，结合所完成的趋势设计提案，综合考虑品牌的视觉营销设计方案（展示设计、橱窗设计等）。

参考文献

［1］唐建光,时尚史的碎片[M].金城出版社,2011.

［2］赵春华,时尚传播[M].中国纺织出版社,2014.

［3］张星,服装流行学[M].中国纺织出版社,2015.

［4］王梅芳,时尚传播与社会发展[M].上海人民出版社,2015.

［5］时尚与传播评论[M].湖北人民出版社,2012.

［6］杨道圣,时尚的历程[M].北京大学出版社,2013.

［7］(美)威尔伯·施拉姆(Wilbur Schramm),传播学概论[M].北京大学出版社,2007.

［8］高宣扬,流行文化社会学[M].中国人民大学出版社,2006.

［9］周庆山,传播学概论[M].北京大学出版社,2004.

［10］李当岐,西洋服装史[M].高等教育出版社,1998.

［11］华梅,服装美学[M].中国纺织出版社,2003.

［12］(美)丽塔·佩纳著,李宏海等译,流行预测[M].中国纺织出版社,2000.

［13］(美)S.B.凯瑟(SusanB.Kaiser)著,李宏伟译,服装社会心理学[M].中国纺织出版社,2000.

［14］张法,中西美学与文化精神[M].中国人民大学出版社,2010.

［15］(法)罗伯特·杜歇(RobertDucher)著,司徒双、完永祥译,风格的特征[M].生活·读书·新知三联书店,2003.

［16］(美)S.B.凯瑟(SusanB.Kaiser)著,李宏伟译,服装社会心理学[M].中国纺织出版社,2000.

［17］(美)琳达·诺克林(Linda Nochlin)著,女性、艺术与权力[M].广西师范大学出版社,2005.

［18］包铭新,时髦辞典[M].上海文化出版社,1999.

［19］黄元庆,服装色彩学[M].中国纺织出版社,2004.

［20］张乃仁,杨蔼琪著译.外国服装艺术史[M].人民美术出版社,1992.

［21］王受之,世界时装史[M].中国青年出版社,2002.

［22］李当岐,服装学概论[M].高等教育出版社,1990.

［23］(法)海德里希著,时尚先锋香奈儿[M].中信出版社,2009.

［24］冯泽民,刘海清编著,中西服装发展史教程[M].中国纺织出版社,2005.

［25］包铭新,世界名师时装鉴赏辞典[M].上海交通大学出版社,1991.

［26］陈彬主编,时装设计风格[M].东华大学出版社,2009.

［27］王恩铭,美国反正统文化运动[M].北京大学出版社,2008.

［28］何晓佑编著,未来风格设计[M].江苏美术出版社,2001.

［29］王受之,世界时装史[M].中国青年出版社,2002.

［30］李银河,女性主义[M].山东人民出版社,2005.

［31］文洁华,美学与性别冲突[M].北京大学出版社,2005.

［32］王梅芳,时尚传播与社会发展[M].上海人民出版社,2015.

［33］彭永茂、王岩编,20世纪世界服装大师及品牌服饰[M].辽宁美术出版社,2001.

［34］(美)RitaPerna著,李宏海等译,流行预测[M].中国纺织出版社,2000.

［35］(美)欧文·戈夫曼(Erving Goffman),日常生活中的自我呈现[M].北京大学出版社,2008.

［36］(美)B.约瑟夫·派恩(B.JosephPine Ⅱ),(美)詹姆斯·H.吉尔摩(James H. Gilmore)著,夏业良、鲁炜等译,体验经济[M].机械工业出版社,2002.

［37］袁仄、胡月,百年衣裳:20世纪中国服装流变[M].生活·读书·新知三联书店,2010.

［38］男制服裁剪[M],天津市红星服装厂编印,1967.

［39］吴亮、高云,日常中国:60年代老百姓的日常生活[M].江苏美术出版社,1999.

［40］吴亮、高云,日常中国:80 年代老百姓的日常生活［M］.江苏美术出版社,1999.

［41］Michael R. Solomon,Nancy J.Rabolt,Consumer Behavior In Fashion［M］. London:Prentice Hall,2009.

［42］Diana De Marly,The History of Haute Couture,1850−1950［M］. England:Batsford Ltd,1980.

［43］Amy De La Haye,The House of Worth:Portrait of an Archive 1890−1914［M］. London: Victoria & Albert Museum,2014.

［44］Diana De Marly,Worth:Father of Haute Couture［M］. England:Elm Tree Books,1980.

［45］Brooklyn Museum,The House of Worth［M］. New York:Brooklyn Museum,1962.

［46］Michael R. Solomon,Nancy J.Rabolt,Consumer Behavior In Fashion［M］. London:Prentice Hall,2009.

后 记

　　洋洋洒洒,匆匆收尾,回望本书的编写过程,在这样一个中国时尚产业方兴未艾的时间点上,这本书的面世将会是一个契机,同时也是一种挑战。对于"时尚"这样一个耳熟能详又似乎难以捉摸的概念,借用设计学、传播学、社会学等多学科交叉的研究方法,编者希望能够为读者勾勒一个可以用来了解"时尚"的路径。而在这条路径以外,仍歧路纵横同时也惊喜不断。不同的编写思路,以及浩如烟海的文献,如何在这当中择取有价值的信息,成为最大的困难和挑战。于是全书采用了从理论到实践的递进思路,将编者所理解的"时尚"概念与研究方法呈现于读者眼前。同时,书中大量的背景知识,采用了数字链接的方式予以呈现,这对我们编者而言,是一种较新的尝试与体验,也为有兴趣更深入研究该课题的读者提供了可供参考的有效资源。当然,也因为时间有限,资料的广度与深度有待进一步扩充。

　　编写这本书是一个促进我们继续深入学习和进步的过程,在这里,要感谢这一路走来给予我们无私帮助的诸多学者与朋友,他们为本书的编写提供了宽广的视角与重要的资料,是本书可以付梓的重要助力。另外,要感谢编写组中的研究生们,为书稿资料的收集与图片整理做了许多工作。同时,也要感谢作为读者的你们,正是来自你们的批评与鼓励,才有了这样一本教材。

　　编者以己之力,统筹万言,疏漏难免,还望方家不吝指正!

编写团队

2023 年夏月于金沙湖畔